野生沙棘果

及其发酵研究

◎田瑞华　万永青　等　著

中国农业科学技术出版社

图书在版编目（CIP）数据

野生沙棘果及其发酵研究／田瑞华等著．――北京：中国农业科学技术出版社，2021.6

ISBN 978-7-5116-5356-7

Ⅰ.①野⋯ Ⅱ.①田⋯ Ⅲ.①沙棘-浆果-水果加工-研究 Ⅳ.①S663.09

中国版本图书馆 CIP 数据核字（2021）第 105097 号

责任编辑	李冠桥　张诗瑶
责任校对	贾海霞
责任印制	姜义伟　王思文

出 版 者	中国农业科学技术出版社
	北京市中关村南大街 12 号　邮编：100081
电　　话	（010）82109705（编辑室）　　（010）82109702（发行部）
	（010）82109709（读者服务部）
传　　真	（010）82109698
网　　址	http：//www.castp.cn
经 销 者	各地新华书店
印 刷 者	北京中科印刷有限公司
开　　本	170 mm×240 mm　1/16
印　　张	11
字　　数	204 千字
版　　次	2021 年 6 月第 1 版　2021 年 6 月第 1 次印刷
定　　价	56.00 元

《野生沙棘果及其发酵研究》
著者名单

主　著：田瑞华　万永青

副主著：王瑞刚　段开红　李国婧

参　著（按姓氏笔画排序）：

　　　　王　曦　宁长春　刘　杨　刘洪林

　　　　赵宏军　魏立杰

　　本书由内蒙古农业大学高层次人才引进科研启动项目（NDYB2018-61）、内蒙古自治区科技计划项目"乡土树种的收集、组学解析及其优异种质资源挖掘利用（2019GG007）"、内蒙古自治区自然科学基金项目"沙棘果天然酵母菌的分离鉴定及其发酵特性研究（RZ1900002933）"资助，研究工作由内蒙古自治区科技创新团队和内蒙古自治区产业创新人才团队（草原英才工程）在内蒙古自治区植物逆境生理与分子生物学重点实验室和内蒙古自治区植物基因资源挖掘与分子育种工程技术研究中心完成。

前　言

笔者出生在一个物资相对匮乏的年代，水果对儿时的笔者来说是奢侈品，而深秋初冬季节一分钱一小枝的"酸溜溜"成了梦寐以求的水果。比绿豆粒稍大的小浆果，酸甜、多汁，使当时的孩子们全然不顾小枝子上充满了尖刺，吃得津津有味。那时自然不知晓这"酸溜溜"便是如今再也无人直接当水果吃但却大名鼎鼎的沙棘果，金黄色的果实深深地留在了童年的记忆中。

2004 年，内蒙古农业大学生命科学学院成立了发酵工程学科，酒类发酵是笔者的专业研究方向。从何处入手呢？2005 年外出路上行至山西省右玉县，山间遍布沙棘树，金黄、橘红的沙棘果激起研究灵感，从此，组建研究团队，开始了 16 年的研究工作。

沙棘（*Hippophae rhamnoides* L.）系胡颓子科沙棘属落叶灌木或小乔木，利用环境资源的能力很强，我国沙棘资源非常丰富，分布面积很广泛，具有很强的生态效应。沙棘果中富含 200 多种具有生物活性的成分，包括黄酮类、三萜及甾体类、糖类、酚类及有机酸类、维生素类、挥发油类、蛋白质和氨基酸类、油和脂肪酸类、β-胡萝卜素、果胶、卵磷脂、氮化物和微量金属元素等，沙棘果汁中维生素 C 的含量居所有水果之首。沙棘果中含有如此丰富的生物活性物质和营养成分，表明沙棘果对人体有巨大的营养及药用价值。

关于沙棘的研究源远流长，可追溯到 19 世纪中叶。研究内容大致可分为两个大方向，一是作为生态树种的栽培研究，二是沙棘果的食用、药用研究。在食用研究中以勾兑饮品酒类及食品添加剂为主。笔者研究团队认为沙棘果与葡萄相比，同属浆果而又有着一定的天然分布和人工栽培面积，沙棘果可能在发酵果酒领域占有一席之地，因此，可以成为沙棘资源研究开发利用的思路之一。

由于沙棘果的低糖高酸性质，要使沙棘果成为能与葡萄媲美的果酒发酵原料，必须找到与之相适应的酵母菌种，因此研究从野生沙棘果酵母菌株的筛选开始。笔者研究团队在内蒙古自治区呼和浩特市和林格尔县、内蒙古自治区通辽市霍林河市、山西省右玉县附近的不同野生沙棘林中沙棘果皮开裂的沙棘果表面分离、纯化出 50 株沙棘酵母菌株，研究团队对分别归属 10 个属 11 个种的 11 株野生沙棘果酵母的发酵特性及生产适用性进行了研究，找到了能耐较低 pH 值、发酵特性优良、对极端环境耐受性好的、适合沙棘果酒和沙棘干红酒酿造的菌株。

研究团队进行了沙棘果酒、沙棘干红酒及沙棘复合果酒发酵及后处理工艺条件的探索，初步确定了原料配比、酵母接种量、发酵温度、发酵时间、降酸、澄清等工艺参数，并在此基础上进行了生产中试。

研究团队之所以愿意将研究结果与大家分享，是因为沙棘果实中富含多种营养及生物活性物质，是一种集营养、保健、医疗、美容于一体的高品质天然野生植物。沙棘的研究与开发有广阔的前景，提高沙棘果资源的开发利用效率，必须要广开思路、博采众长，要综合利用和拓展更广阔的途径。愿此书能够抛砖引玉，引起业界更多研究与技术人员对沙棘的兴趣与关注。

本书第一章和第五章由万永青撰写，第二章由王曦、宁长春撰写，第三章由赵宏军、魏立杰撰写，第四章由刘洪林撰写，第六章由刘杨撰写；最后由田瑞华、万永青进行全书统稿，王瑞刚、段开红、李国婧对全书进行了文字修改。

笔者十分感谢研究团队的全体成员共同合作这部专著，希望它能在沙棘研究及其产品开发利用中发挥微薄之力。

田瑞华

2021 年 3 月 20 日于呼和浩特

目　　录

第一章　沙棘概述

第一节　沙棘的生物学特性

沙棘 (*Hippophae rhamnoides* L.) 系胡颓子科 (Elaeagnaceae) 沙棘属 (*Hippophae* L.) 落叶灌木或小乔木, 又名酸柳果、黑刺、酸刺、其察日嘎察 (蒙文音译)、达普 (藏文音译)、吉汉 (维语音译)。在我国广泛分布的沙棘亚种为中国沙棘 (*Hippophae rhamnoides* L. Subsp. Sinensis Rousi), 其英文名为 Seabuckthorn Fruit。

沙棘属于生态位宽的物种, 利用环境资源的能力很强, 分布面积很广泛。从全球地理分布看, 天然种群分布在欧亚大陆的广大温带地区, 南起喜马拉雅山南坡的尼泊尔、印度、巴基斯坦, 北到英吉利海峡和斯堪的纳维亚半岛的芬兰、瑞典、挪威, 东抵我国东北地区, 西到地中海沿岸的西班牙。其垂直分布从波罗的海海滨到海拔 3 000m 的高加索山脉, 甚至海拔 5 200m 的珠峰地区都有分布。沙棘的天然林及人工林面积大约有 235 万 hm^2, 其中我国的沙棘资源面积超过 215 万 hm^2。因此, 我国是沙棘资源非常丰富的国家。

从植物分类上看, 沙棘有很多种。根据芬兰沙棘分类学家罗西教授 (Rousi) 的分类法, 沙棘可以分为 4 个种、9 个亚种; 而我国沙棘分类学家廉永善教授将沙棘属植物分成 6 个种、12 个亚种, 并把沙棘分为有皮组和无皮组两大组; 四川大学张泽荣教授将我国沙棘属植物分为 4 个种、5 个变种等。

沙棘是一种雌雄异株、生态适应性很广的小浆果类果树, 它具有很强的抗旱性、抗盐碱性、耐瘠薄性及耐寒性, 萌生繁衍能力很强。沙棘树根系庞大发达, 生长快, 生物量高, 具有良好的改良土壤和水土保持功能; 与放线菌共生, 固氮能力是大豆的两倍; 枝叶茂盛, 落叶量大, 叶的含氮量比其他豆科树种高，这也给土壤增加了大量的营养物质。因此，沙棘被选作为植被破坏后或无林地植被恢复的先锋树种。

第二节　沙棘的功效成分

沙棘全身是宝。多项研究表明，沙棘果中富含多种化学成分，具有生物活性的成分高达 200 种以上，包括黄酮类、三萜及甾体类、糖类、酚类及有机酸类、维生素类、挥发油类、蛋白质和氨基酸类、油和脂肪酸类、其他类（包括 β-胡萝卜素、果胶、卵磷脂、氮化物和微量元素等近 10 种）等九大类化学物质。下面对其中几类物质作简要介绍。

第一，维生素类。沙棘是世界上富含多种维生素的植物之一。沙棘果汁中含维生素 C、维生素 E、维生素 A、胡萝卜素、叶酸、维生素 B_1、维生素 B_2、维生素 B_6 等，其维生素 C 含量居所有水果之首，堪称"水果之王"。据报道，沙棘的维生素 C 含量是山楂的 20 倍。据刊物《中国水土保持》报道，山西省右玉县 1984 年试制的沙棘汁含维生素 C 比橘子汁高 20 倍左右。中国预防医学科学院营养与食品卫生研究所编著的《食物成分表》中显示沙棘中维生素 B_1 含量为 0.02mg/100g，维生素 B_2 含量为 0.04mg/100g。

第二，黄酮类。沙棘果和叶中都含有黄酮类成分。20 世纪 50 年代以来，苏联研究人员采用色谱技术和波谱方法曾先后从沙棘果、叶中分离鉴定了 30 多种黄酮成分。1989 年，国内杨建渝等测得果汁中含有 7 种黄酮类化合物，主要为异鼠李素、异鼠李素-3-β-D-葡萄糖苷、异鼠李素-3-β-芸香糖苷和槲皮素等，其含量在沙棘果汁中达到 238～854mg/100g。魏岚（1987）还从成熟新鲜果汁中测得黄酮素含量为 26.2μg/100g。

第三，酚类及有机酸。沙棘果实中含有苹果酸、柠檬酸、酒石酸、草酸、琥珀酸等，总含量为 3.86%～4.52%。沙棘果含的果胶是由半乳糖醛酸、木胶糖、阿拉伯糖、鼠李糖和半乳糖等组成。沙棘汁具有强烈的酸涩感，正是由于其中含有许多有机酸及少量酚类物质的缘故。

第四，脂肪、芳香物质及挥发性成分。沙棘果具有浓郁的芳香气味，从成熟新鲜的中国沙棘果中提出浅黄色油状物，采用 GC-MS 方法分析其化学成分，检测出 89 种物质。迄今已从中国沙棘、鼠李沙棘及肋果沙棘中鉴定出 200 多种挥发性成分。

第五，微量元素。沙棘果中含有大量对人体有重大意义的微量元素。陈体恭等（1988）对甘肃渭源中国沙棘各部分微量元素进行了测定。有害元素如铜、铅、砷和镉等含量大大低于国家标准。顾清萍等（1999）还测定了沙棘果汁冻干粉中微量元素和其他矿物元素含量，分别为铬（0.1mg/kg）、锌（98.5mg/kg）、钴（0.35mg/kg）、锰（15.6mg/kg）、铁（425mg/kg）、铜（6.0mg/kg）、钙（1 013mg/kg）、镁（574mg/kg）、钠（1 185mg/kg）、钾（2 076mg/kg）、磷（1 728mg/kg）。

第三节　沙棘的保健作用及药用价值

　　沙棘中含有如此丰富的生物活性物质和营养成分，表明沙棘对人体有巨大的营养价值。国内外研究者近几十年来对沙棘医药方面的大量研究表明沙棘还具有很高的药用价值。

　　第一，对免疫系统的作用。沙棘的生物活性物质具有清除人体内自由基的作用，能提高老龄动物体内白细胞介素-2的含量，影响其基因的表达，从而提高机体的免疫功能。车锡平等（2000）研究认为沙棘果油对小鼠的非特异免疫功能、体液免疫和细胞免疫功能均有明显的促进作用。

　　第二，抗肿瘤作用。沙棘的抗肿瘤作用除去其通过免疫机制或其他途径所引起的作用外，还有直接抑制癌细胞的作用及阻断致癌因素的作用。甘肃省肿瘤研究所张培珍等（1989）研究，以沙棘籽油和沙棘果汁对小鼠移植瘤、肉瘤（S180）、淋巴细胞白血病（P388）和黑色素瘤（B16）进行抑制试验，发现无论是经腹腔注射沙棘籽油，还是口服沙棘汁都有明显的抑制肿瘤生长的效果。研究者还发现沙棘汁具有抑制黄曲霉素 B_1 诱发癌前病灶的作用。

　　第三，对心血管系统的作用。章茂顺等（1987）采用随机双盲对照试验以沙棘果实治疗冠心病，结果表明沙棘可使心绞痛缓解，心功能及缺血性心电图好转。沙棘果汁有抗心肌缺氧作用，可延长小鼠存活时间，对心肌缺血也有一定的保护作用，这主要是由于沙棘中活性成分——沙棘黄酮的存在。沙棘总黄酮对心血管系统的作用，我国的研究工作较多，已进行了近30年的探索，20世纪70—90年代的研究表明，沙棘黄酮具有显著增加心脏收缩和舒张功能，有明显的抗心肌缺血作用及抗心律失常作用，对防止冠心病及动脉粥样硬化有较大意义。

　　第四，抗氧化抗衰老作用。沙棘汁中含有超氧化歧化酶（SOD）、维生素C等活性物质，这些物质具有抗氧化作用和清除细胞膜上自由基的功能，对抗氧化抗衰老具有重要作用。山西医学院的杨琦等（1995）研究了硒强化沙棘汁对大鼠红细胞膜脂质过氧化作用的影响，证实沙棘果汁能不同程度地抑制大鼠红细胞膜乃至整个机体的脂质过氧化反应，其原因可能与汁中含极丰富的维生素 C、维生素 E 及 β-胡萝卜素等抗氧化剂有关。

第五，对消化系统的作用。据有关试验报道，沙棘汁有明显的保肝作用，用沙棘浓缩汁 0.89g/kg、1.68g/kg 给小鼠腹腔注射对四氯化碳及对乙酰氨基酚损伤肝中丙二醛（MDA）含量的增高有明显抑制作用，并能显著降低四氯化碳中毒小鼠谷丙转氨酶（SGPT）活力。而 Shnaidman 等（1969）在对沙棘汁研究中报道，沙棘汁具有抗脂肪肝作用，动物摄入四氯化碳后脂肪和胆甾醇含量上升，服用沙棘汁（pH 值为 3.3 或 5.2）就可避免这种情况发生。另外，沙棘汁还可促使动物唾液、胃肠腺体液分泌增加，胃蛋白酶含量升高，同时对胃肠运动机能有刺激作用，节律性收缩周期延长，振幅增大。

第四节　国内外沙棘研究概况

国外对沙棘的研究较早，成绩突出的当属俄罗斯、蒙古国、芬兰等国。1850 年俄罗斯圣彼得堡出版的《自由经济学会丛书》发表了题为《沙棘浆果和新发现的沙棘油》的文章。但没有引起重视，其后的几十年研究很少，直至 20 世纪 30 年代，苏联开始对沙棘进行研究开发，1940 年建立了世界第一个沙棘加工厂，20 世纪 50 年代沙棘开始用于航天医学、宇航食品等。沙棘作为重要的药物应用于医疗保健方面，其研究和开发不仅在沙棘油制剂，而且还从沙棘中提取生物活性物质，甚至沙棘枝叶、树干等都成为制药工业的原料。在食品方面，俄罗斯利用沙棘开发的最早食品是沙棘果汁和沙棘酒。以后陆续出现的沙棘食品很多，如沙棘饼干、沙棘面包、沙棘蛋糕、沙棘水果糖、沙棘饮料、沙棘浓缩汁等。

北美洲近年来主要在研究沙棘的营养价值，在加拿大沙棘仅作为一种绿化植物。在瑞典，人们习惯于把沙棘作为庭院绿化用树，还有少数人做沙棘酱。

美国、日本、德国、罗马尼亚等国均对沙棘药用功效进行了大量研究。目前，国外对沙棘的研究主要集中在以下几个方面：第一，沙棘种质资源保护利用与育种；第二，沙棘资源建设与栽培管理；第三，沙棘系列药品及系列化妆品的研究开发；第四，沙棘食品方面的加工开发等。

由于资源的限制，在国际上包括俄罗斯在内，沙棘资源产品的大规模开发利用有限。但沙棘仍被国际医学界及营养专家誉为人类 21 世纪最具有发展前途的营养保健及医药植物。

我国是世界上沙棘医用历史最早的国家，藏医经典著作《四部医典》《月王药珍》《晶珠本章》记载着沙棘具有祛痰、利肺、风温、壮阳等作用，其中 60 余处记述了沙棘的健脾胃与破瘀止血的功效。人们在认识沙棘的营养保健和医疗效用的同时，也更加重视了沙棘在改造生态环境中的重要作用。沙棘以抗干旱、耐土地瘠薄、不怕盐碱、防风固沙、保持水土、改良土壤、美化环境、使农民脱贫致富等多种神奇的生态功效被誉为生态环境建设造就大西北秀美山川的最佳树种，是整治土地环境的生物利器。

我国对沙棘资源的研究开发起步较晚，1977 年把沙棘作为中药列入《中华人民共和国药典》，从此投入大量的人力物力，对沙棘的综合利用展开了深入研究，并取得了丰硕成果。1985 年开始对沙棘资源进行了大规模开发利用，成立了全国沙棘协调办公室，联合了国家科委、计委、财政及农业、水利、林业、卫生、轻工等方面的专家学者对之进行综合利用研究，并取得了很大成绩。1989 年"第一届国际沙棘学术交流会"在西安召开；1995 年在北京召开了国际沙棘研讨会，并签署了在中国北京建立国际沙棘研究培训中心的"北京宣言"，初步建立了与俄罗斯、蒙古国、芬兰、瑞典、加拿大、日本等国家和地区的沙棘研究合作关系，并获得了世界银行、联合国开发计划署、国际山地综合发展中心等国际组织的支持。1998 年，水利部沙棘开发管理中心在晋陕蒙砒砂岩地区启动了大规模的沙棘生态工程，促进了沙棘的种植和产业发展。

具不完全统计，内蒙古、陕西、甘肃、新疆、浙江、青海、广东、河北、山西等省份先后建立 150 余家沙棘加工厂，加工生产 200 多种沙棘产品，如软饮料、营养液和沙棘果酱等，其中有 30 个产品获部优品牌。但由于产品质量、销售水平等问题已有许多企业转产。

从国内研究的文献来看，我国对沙棘的研究利用主要经历了三个阶段：一是 20 世纪 80 年代对沙棘功效成分的测定研究和开发沙棘果汁的阶段，二是 20 世纪 90 年代的沙棘药用价值研究和药用沙棘油的开发，三是 21 世纪开始展开的有关沙棘发酵方面的研究阶段，如以沙棘果皮、果渣为主要原料生产饲料酵母，沙棘发酵酒、醋等。经过 20 多年的开发研究，国内的沙棘制品已有八大系列 200 多个品种。以用沙棘果、叶、枝为原料生产的沙棘果汁系列食品、沙棘油系列产品、沙棘黄酮等沙棘活性物质食品、饲料添加剂等为主要产品。

目前开发沙棘资源存在的主要问题有哪些呢？国内外对沙棘已有了相当程度的研究，仅在内蒙古自治区就已形成了粗加工达到30 000t/年沙棘产品的能力。但在加工利用中，特别是在食品和保健品方面，重视应用技术开发的较多，强调表层实用性研究的较多，而系统地进行基础性科学研究的较少，如对沙棘果皮上微生物的研究还未见报道，不能为真正科学合理地开发利用这一宝贵资源，提供深层次的理论依据，使该领域处于一种初级的粗放型开发状态。例如，压榨、过滤、浸出、勾兑等简单工艺加工，产品科技含量低，营养物质难以最大限度地保护，呈现出"宝贵资源低水平开发，产品滞销，产品链中断"。这表现出沙棘产业发展后劲不足、产品单一、技术含量偏低、竞争力不强。另外，沙棘开发利用综合协调乏力，导致各自孤军备战，宛如异军突起，实则重复浪费严重，总体投资效益低下。引起生态建设与经济建设脱节，农民造林积极性下降，呈现"种而不管、甚至砍树导致生态恶化"的现象。

沙棘果与葡萄相比，同属浆果而又有着相当的天然分布和人工栽培面积。对葡萄的深层研究尤其是酿造方面，有着几百年的历史，使葡萄酒与白酒、啤酒一起在酿酒业形成了三足鼎立的局势。沙棘果能否在相关领域也占有一席之地，取决于人们对它的研究深度和广度。对葡萄的研究、利用、开发方式可以成为沙棘资源研究开发的思路之一。

第二章　野生沙棘果酵母的筛选及研究

第一节　野生酵母概述

一、酵母菌概述

酵母菌（*Saccharomyces*）简称酵母，广泛存在于自然界，是一种单细胞真菌，在有氧和无氧环境下都能生存，属于兼性厌氧菌。酵母菌细胞宽度（直径）2~6μm，长度5~30μm，有的则更长，个体形态有球状、卵圆、椭圆、柱状和香肠状等。多数酵母可以分离于富含糖类的环境中，比如一些水果（葡萄、苹果、桃等）或者植物分泌物（如仙人掌的汁）。一些酵母在昆虫体内生活。酵母菌是单细胞真核微生物，形态通常有球形、卵圆形、腊肠形、椭圆形、柠檬形或藕节形等，比细菌的单细胞个体要大得多，一般为1~20μm。酵母菌无鞭毛，不能游动。酵母菌具有典型的真核细胞结构，有细胞壁、细胞膜、细胞核、细胞质、液泡、线粒体等，有的还具有微体。酵母菌的遗传物质组成：细胞核DNA，线粒体DNA，以及特殊的质粒DNA。大多数酵母菌的菌落特征与细菌相似，但比细菌菌落大而厚，菌落表面光滑、湿润、黏稠，容易挑起，菌落质地均匀，正反面和边缘、中央部位的颜色都很均一，菌落多为乳白色，少数为红色，个别为黑色。

酵母菌的生殖方式分无性繁殖和有性繁殖两大类。无性繁殖包括芽殖、裂殖、芽裂。有性繁殖方式为子囊孢子。芽殖是酵母菌进行无性繁殖的主要方式。成熟的酵母菌细胞，先长出一个小芽，芽细胞长到一定程度，脱离母细胞继续生长，而后形成新个体。有一端出芽、两端出芽、三端出芽和多端出芽。裂殖，少数种类的酵母菌与细菌一样，借细胞横分裂而繁殖。芽裂，母细胞总在一端出芽，并在芽基处形成隔膜，子细胞呈瓶状。这种方式很少。子囊孢子，在营养状况不好时，一些可进行有性生殖的酵母会形成孢子（一般来说是 4 个），在条件适合时再萌发。一些酵母，如假丝酵母（或称念珠菌，*Candida*）不能进行有性繁殖。

二、野生酵母菌的特性

酵母菌通常无害，容易生长，空气、土壤、水和动物体内都存在。特别喜欢聚集于植物的分泌液中，如在桦树的分泌液内，许多植物的花蜜中，果子龟裂和破损时流出的果汁中，都能找到酵母菌，沙棘果汁的内容物也给酵母菌的营养和繁殖提供了良好的条件。

对于浆果上酵母菌的研究利用是最为全面、深入和卓有成效的，当属葡萄了。随着分析检测仪器的进步和各学科相互交叉渗入，对葡萄上的酵母菌已经研究得非常详尽。从葡萄上分离出来的酵母菌，对应用微生物行业产生了重大影响。由酵母菌酿造出来的葡萄酒品种繁多，如红葡萄酒、白葡萄酒、桃红葡萄酒、山葡萄酒、加香葡萄酒、起泡葡萄酒、白兰地等。技术含量高，融入社会大市场，竞争力强。

酵母发酵除了产生酒精以外，还能产生其他的初级副产物和次级副产物。如甘油、乳酸、醋酸、琥珀酸、柠檬酸、高级醇等。从葡萄汁中分离出的酵母大致可分为四类。

一是在发酵中起主要作用的酵母，发酵力强，产酒精多，生成有益的副产物多。但这一类数量非常少。

二是葡萄汁中数量很大，但发酵力弱的酵母。在自然发酵时，这部分酵母先引起发酵，随后，它的数量逐渐减少，但其发酵产物对葡萄酒并无不良影响。

三是产膜酵母，这是一种好气性菌，当发酵容器未灌满时，产膜酵母便会在葡萄汁液面生长繁殖，使葡萄酒变质。属于有害酵母。

四是还有一类酵母对发酵没有害处，但也没有益处，这类酵母很少。

到 1989 年为止，在葡萄汁或葡萄园等地方，发现的酵母菌已有 90 多种。本书课题组自 2004 年开始从事沙棘果酵母菌方面的研究。因沙棘具有很强的抗逆性，耐寒、耐贫瘠、耐盐碱，那么，沙棘果上的酵母菌有无特殊性质、呈何种分布、这些酵母菌的特性如何，其在应用微生物行业有无特殊价值，研究团队认为有必要对其进行深入的研究。

第二节　野生沙棘果酵母的分离鉴定

一、材料与方法

（一）材料

1. 试验材料

在内蒙古自治区呼和浩特市和林格尔县、内蒙古自治区通辽市霍林河市、山西省右玉县附近的不同野生沙棘果林中采摘沙棘果，从果皮开裂的沙棘果表面分离、纯化出酵母菌株。

2. 主要试剂

（1）培养基与溶液的配制

①麦芽浸粉新鲜培养基。麦芽浸粉 30g、dH_2O 1L，灭菌。

②麦芽浸粉固体培养基。麦芽浸粉 20g、蒸馏水 1L、琼脂粉 20g、灭菌。

③WL 营养琼脂培养基。葡萄糖 5%、蛋白胨 0.5%、酵母浸粉 0.4%、琼脂 2%、储液 A（40mL/L）、储液 B（1mL/L），调 pH 值至 6.5，灭菌后，加储液 C（1mL/L）。

储液 A：氯化钙 1.25g、氯化钾 4.25g、硫酸镁 1.25g、磷酸二氢钾 5.5g，定容至 400mL。

储液 B：硫酸锰 0.25g、氯化铁 0.25g，定容至 100mL。

储液 C：溴甲酚绿 0.44g、酒精 10mL、水 10mL。

④碳基础培养基。KH_2PO_4 0.1%、$(NH_4)_2SO_4$ 0.5%、$CaCl_2 \cdot 2H_2O$ 0.01%、$MgSO_4 \cdot 7H_2O$ 0.05%、NaCl 0.01%、琼脂 2%，蒸馏水补足。

⑤氮基础培养基。KH_2PO_4 0.1%、葡萄糖 2%、$MgSO_4 \cdot 7H_2O$ 0.05%、酵母膏 0.02%、琼脂 2%，蒸馏水补足。

（2）部分生理生化试验所需试剂

①碳源同化试验。葡萄糖（glucose）、D-半乳糖（D-galactose）、蔗糖（sucrose）、麦芽糖（maltose）、蜜二糖（melibiose）、D-阿拉伯糖（D-arabinose）、松三糖（melezitose）、海藻糖（trehalose）、D-核糖（D-ribose）、L-鼠李糖（L-rhamnose）、菊糖（inulin）、D-木糖（D-xylose）、纤维二糖（cellobiose）、乳糖（lactose）、棉子糖（raffinose）、L-山梨糖（L-sorbose）、D-果糖（D-fructose）、D-山梨醇（sorbitol）、D-甘露醇（D-mannitol）、肌

醇（inositol）、柠檬酸（citric acid）、琥珀酸（succinic acid）、淀粉（amylum）、甲醇（methyl alcohol）、乙醇（ethanol）、甘油（glycerol）、DL-乳酸（DL-lactic acid）。

②氮源同化试验。硝酸钾（potassium nitrate）、亚硝酸钠（sodium nitrite）、L-赖氨酸（L-lysine）、肌酸（creatine）、肌酸酐（creatinine）。

（3）分子生物学试验所需材料与试剂

①50×TAE。Tris 121.1g、0.5mol/L EDTA（pH 值 = 8.0）50mL、冰乙酸 28.55mL，用 dH$_2$O 定容至 500mL，常温保存。

②1mol/L Tris。Tris 4.844g、dH$_2$O 40mL，HCl 调 pH 值至 8.5，灭菌。

③0.3mol/L EDTA。EDTA 4.4668g、dH$_2$O 40mL，NaOH 调 pH 值至 8.0，灭菌。

④20% SDS。将 20g SDS 缓慢加入 100mL 加热至 80℃ 的 dH$_2$O 中，边搅拌边加热，使之完全溶解。

⑤DNA 裂解液。1mol/L Tris 10mL、20% SDS 2.5mL、0.3mol/L EDTA 10mL、dH$_2$O 80mL，调 pH 值至 8.0，再用 dH$_2$O 定容至 100mL。

⑥2.5mol/L 醋酸钾。醋酸钾 4.9019g、dH$_2$O 20mL，调 pH 值至 7.5，灭菌。

⑦氯仿-异戊醇。体积比为 24：1。

⑧70%乙醇。70mL 无水乙醇，dH$_2$O 定容至 100mL。

⑨引物。通过查阅相关文献，使用 NL1、NL4 引物来扩增酵母菌 26S rDNA D1/D2 区域。引物由上海生工公司合成。

NL1：5′-GCA TAT CAA TAA GCG GAG GAA AAG-3′

NL4：5′-GGT CCG TGT TTC AAG ACG G-3′

⑩分子试剂与试剂盒。琼脂糖凝胶回收试剂盒购自天根生物科技有限公司，DNA Marker、PCR 反应体系购自北京全时金生物科技有限公司，琼脂糖购自中科瑞泰（北京）生物科技有限公司。

3. 实验主要仪器

电泳仪	美国 Beckman 公司
PCR 扩增仪	德国 Biometra 公司
高压自动灭菌锅	日本 Hirayama 公司
振荡培养箱	哈尔滨市东联电子技术开发有限公司
超净工作台	苏州净化设备公司
雷磁精密 pH 计	上海精密科学仪器有限公司

空气浴振荡器	哈尔滨市东明医疗仪器厂
光学显微镜	日本 OLYMPUS 会社
恒温培养箱	上海博迅实业医疗设备厂
烘箱	上海精宏实验设备有限公司
旋涡混合器	江苏海门麒麟医用仪器厂
台式离心机	德国 Eppendorf 公司
高速冷冻离心机	德国 Eppendorf 公司
电子分析天平	德国 Sartorius 公司
凝胶成像系统	美国 Bio-rad 公司
DYY-6C 型水平凝胶电泳装置	北京六一电泳仪器厂

（二）方法

1. 沙棘果表面酵母菌株的筛选

将沙棘果粒置于麦芽浸粉液体培养基（pH 值=2.0）28℃培养 2d，至培养液浑浊。将培养液稀释成适当的梯度（$10^{-4} \sim 10^{-3}$），取 1mL 菌液，涂布于麦芽浸粉平板，28℃培养 2~3d，随机挑取单菌落，在麦芽浸粉平板上划线纯化。

经反复划线纯化 3~5 次，将菌株转接麦芽浸粉固体斜面，4℃保藏。

2. 酵母菌株的形态观察

利用 WL 营养琼脂培养基对收集到的酵母菌株进行初步分类。

将保藏好的菌株接于麦芽浸粉平板，活化培养 2d 后，划线于 WL 营养培养基上，28℃培养 5d，观察并记录菌落颜色及形态，按照菌落的不同表现特征将酵母菌进行初步分类。

3. 酵母菌的部分生理生化鉴定

生理生化鉴定方法主要依据巴尼特、佩恩的《酵母菌的特征与鉴定手册》和张纪忠的《微生物分类学》。试验方法参照程丽娟、薛泉宏的《微生物学试验技术》。

（1）碳源同化

液态碳源用液体培养基试管法，分别将碳源配制成 10 倍浓度的母液。方法为称取 6.7g 酵母氮基础培养基，加入与 5g 葡萄糖相当的碳源化合物（具有与 5g 葡萄糖含有同样多的碳），棉子糖的浓度加倍，溶解后（有机酸碳源要调 pH 值=5.7），过滤灭菌，4℃保存备用。在试管中加入 3.6mL 蒸馏水，灭菌后加入 0.4mL 碳源同化母液，备用。把活化好的菌株用无菌水制成菌悬液，并调整细胞浓度使悬液至半透光，然后用无菌吸管将悬液滴入准备好的同化管内，每支管 1 滴，25℃静置培养 4 周，培养 2 周后，每隔 1 周记录 1 次结果。

同化结果的观察与记录方法：取 1 片白色卡片，上面用黑色墨水划 1 条 3/4mm 宽的直线，把培养一段时间的同化管充分摇匀后，贴在划有线的卡片上，透过培养液观察卡片上的黑线，并按照下面的原则记录。

+：黑线可见，但边缘模糊。

−：黑线清晰可见，且边缘不模糊。

固体碳源采用生长谱法：使用酵母氮基础培养基，以葡萄糖为阳性对照。

（2）氮源同化生长谱法

酵母菌能够利用的氮源的种类很多，但对亚硝酸盐、L-赖氨酸、硝酸盐、肌酸酐、肌酸等的同化利用最有分类价值。在日常的同化鉴定中只需要测定硝酸盐的反应，当出现疑难情况或对新种进行鉴定时，才需要对其他种类的氮源进行测定。由于某些氮源同化反应所产生的中间产物会对酵母的生长过程产生抑制作用，因而在利用液体氮源同化的方法进行测定时，会经常出现假阴性的反应结果，因此常利用固体生长谱法对氮源进行同化反应的测定，方法如下。将经活化的菌株先接种于 4mL 的碳基础液体培养基中，25℃饥饿培养 5~7d，消耗细胞内多余的氮源，防止出现假阳性。将灭好菌的碳基础固体培养基冷却至 50℃，倒入预先加入了 1mL 饥饿培养的酵母细胞悬液的平板中，慢慢摇晃平板使之充分混合、凝固，25℃干燥 3~5h，把少量所测氮源撒在平板上。若是亚硝酸钠，则将其潮解液滴在平板上，以防止浓度过量，抑制细胞生长。通常一个平板分为四个部分：一部分撒入 $(NH_4)_2SO_4$ 作为阳性对照；一部分为空白（阴性）对照；另外两部分撒入所测氮源，25℃培养 2~3d，观察记录结果。若阳性反应，则在所撒试剂处或其周围有酵母菌落生长。

4. 沙棘酵母菌的分子生物学鉴定

根据 Kurtzman 和 Robnett 的方法，合成引物 NL1（5′-GCA TAT CAA TAA GCG GAG GAA AAG-3′）和 NL4（5′-GGT CCG TGT TTC AAG ACG G-3′）PCR 扩增酵母菌株 26S rDNA 近 5′端的 D1/D2 区域，扩增出的该基因在酵母菌 rDNA 基因中的位置见图 2-1。

（1）沙棘酵母菌 DNA 的微量提取

①将纯化好的酵母菌接种于 3%麦芽浸粉液体培养基，25℃培养 2d，取 1mL 菌液置 1.5mL 离心管中，12 000r/min 离心 5min。

ITS, 内转录间隔区, Internal transcribed spacer; IGS, 基因间隔区,

Intergenic spacer; D1/D2, 域1和域2, Domains 1 and 2。

图 2-1　真菌 rRNA 基因片段示意

②除去上清, 加入 100μL 裂解液, 置于快速均匀器上振荡, 待沉淀完全悬浮, 放入沸水浴中 15min。

③待冷却后, 向离心管中加入 100μL 2.5mol/L 醋酸钾, 摇匀, 冰浴 45min, 12 000r/min 离心 5min。

④将上清转移至一支干净离心管中, 加入等体积的氯仿-异戊醇, 剧烈振荡, 12 000r/min 离心 2min。

⑤重复步骤④。

⑥将上清转移至一支干净离心管中, 加入等体积预冷的异丙醇, 混匀后置于 −20℃ 静置 15min, 12 000r/min 离心 15min。

⑦弃上清, 沉淀用预冷的 70%乙醇和无水乙醇各洗涤 1 次, 吹干, 加入 25μL 超纯水溶解, −20℃ 保存。

（2）26S rDNA D1/D2 区域序列扩增

反应体系 25μL:

2×*Taq* Master Mix	12.50μL
NL1	0.50μL
NL4	0.50μL
DNA 模版	1.00μL
ddH$_2$O	10.50μL
TOTAL	25.00μL

反应条件:

预变性	94℃	3min	
变性	94℃	30s	
复性	53℃	30s	30 个循环
延伸	72℃	45s	
延伸	72℃	10min	
保存	4℃	24h	

PCR 产物采用琼脂糖凝胶电泳进行检测。DNA 分子在琼脂糖凝胶中的电泳迁移率主要由下述 4 个主要参数决定：DNA 分子大小、凝胶浓度、DNA 分子构象和电泳电压梯度。

制胶和电泳的过程如下。

①称取适量琼脂糖，用 0.5×TBE 缓冲液配成所需浓度的凝胶。

②加热煮沸，直至琼脂糖完全溶解。

③将琼脂糖倒入胶盘中或胶板上（制小胶用），立即插入梳子，室温下放置半小时左右。待胶凝固后，将胶盘或胶板浸入盛有 0.5×TAE 缓冲液的水平电泳槽中，小心拔出梳子。

④将 PCR 产物 3~5μL 和 Loading Buffer 1μL 混合，用加样器慢慢加入样孔中，电压稳定于 4~5V/cm（两极间），电泳至合适时间。

⑤将跑完的琼脂糖胶放入 EB 染液中避光染 15~20min。

⑥取出琼脂糖胶在紫外灯下观察电泳情况并照相记录。

本试验中 PCR 产物用 1.4%的琼脂糖凝胶进行电泳检测。

（3）PCR 产物的回收和纯化

使用天根生物科技有限公司提供的普通琼脂糖凝胶 DNA 回收试剂盒进行胶回收。

①柱平衡步骤。向吸附柱 CA2 中（吸附柱放入收集管中）加入 500μL 平衡液 BL，12 000r/min 离心 2min，倒掉收集管中的废液，将吸附柱重新放回收集管中。

②将单一的目的 DNA 条带从琼脂糖凝胶中切下（尽量切除多余部分），放入干净的离心管中。

③向胶块中加入 3 倍体积的溶胶液 PN，50℃水浴放置 10min，其间不断温和地上下翻转离心管，以确保胶块充分溶解。

④将上一步所得溶液加入吸附柱 CA2 中（吸附柱放入收集管中），室温放置 2min，12 000r/min 离心 2min，将收集管中的得到的溶液重新加回到吸附柱 CA2 中，12 000r/min 离心 2min，倒掉收集管中的废液，将吸附柱 CA2 放入收集管。

⑤向吸附柱 CA2 中加入 600μL 漂洗液 PW（使用前检查是否已加入无水乙醇），12 000r/min 离心 2min，倒掉收集管中的废液，将吸附柱 CA2 放入收集管中。

⑥重复步骤⑤。

⑦将吸附柱 CA2 放回收集管中，12 000r/min 离心 3min，尽量除尽漂洗

液。将吸附柱 CA2 置于室温放置 30min，使其彻底晾干。

⑧将吸附柱 CA2 放到一个干净的离心管中，向吸附膜中间位置悬空滴加 15~20μL 超纯水，室温放置 2min，12 000r/min 离心 2min，将离心管中的得到的溶液重新加回到吸附膜中，12 000r/min 离心 3min，收集 DNA 溶液，-20℃保存。

（4）测序与系统发育分析

将纯化好的 PCR 产物送北京华大基因进行测序。根据测序结果，利用 BLAST 软件从 GenBank 核酸序列数据库中进行相似序列搜索（BLAST search），比较测序菌株与已知酵母菌相应序列的相似程度。为显示测序菌株和已知酵母菌的亲缘关系及系统地位，根据相似序列搜索结果，用 Clustal X 软件对测试菌株和相关菌株的多个序列进行匹配分析，使用 MEGA 4 软件进行多序列对位排列，并采用 MEGA 4 软件包中的 Kimuran - parameter distance 模型及 Neighbour-joining 方法构建系统发育树，并进行 1 000次 Bootstrap 检验。

二、结果与分析

（一）试验样品的采集和分离

本研究从内蒙古自治区呼和浩特市和林格尔县、内蒙古自治区通辽市霍林河市及山西省右玉县附近这 3 个地区采集的 14 个沙棘果样本中共分离得到 50 株酵母菌，试验所用菌株的分离采样记录见表 2-1。

表 2-1 菌株样品的分离记录

菌株编号	采集地点	分离方法
WKZ1-1，WKZ1-2，WKZ2	内蒙古自治区和林格尔县 14~15km 附近（阳坡）	液体培养
WKZ3，WKZ4-1，WKZ4-2，WKZ5	内蒙古自治区和林格尔县 14~15km 附近（阴坡）	液体培养
FB3	内蒙古自治区和林格尔县 23~24km 附近（阳坡）	液体培养
JJZ3，JJZ4，JJZ5	内蒙古自治区和林格尔县 23~24km 附近（阴坡）	液体培养
WI1，WI5，JIZ1，JIZ2-2，JIZ3，JIZ4，JIZ5，FI5，FI6	内蒙古自治区和林格尔县 35km 佛爷沟附近（河槽）	液体培养
JGZ1，JGZ2，JGZ3	内蒙古自治区和林格尔县 47~48km 茶坊村附近（阳坡）	液体培养

（续表）

菌株编号	采集地点	分离方法
WFZ1，WFZ2-1，WKZ2-2	内蒙古自治区和林格尔县 47~48km 茶坊村附近（阴坡）	液体培养
WF2	内蒙古自治区和林格尔县 47~48km 茶坊村附近（河槽）	液体培养
FS1，FS2，FS3，FS4，FS5	山西省右玉县西北杀虎口（阳坡）	液体培养
C2-2	山西省右玉县西北杀虎口（阴坡）	液体培养
WCZ2，WCZ3，WCZ4，WCZ5	山西省右玉县附近（阳坡）	液体培养
JHZ1，JHZ2，JHZ3，JHZ4	山西省右玉县附近（阴坡）	液体培养
WEZ1，WEZ2，WH3，WH6	山西省右玉县附近（河槽）	液体培养
HLC1，HLC2，HLC3，HLC6，HLD2	内蒙古自治区通辽市霍林河市	液体培养

（二）沙棘酵母菌的形态观察

WL 营养琼脂培养基是由 Wallerstein 实验室设计的用来观测酿造和工业发酵过程中微生物种群的一种非选择型的培养基。后来 Cavazza 等发现这种培养基可以用来区分和鉴定一些常见的葡萄酒相关酵母，主要基于菌落颜色及菌落形态，并对不同葡萄酵母在 WL 营养琼脂培养基上的菌落特征进行了详细的描述（表 2-2）。

根据表 2-2 的形态描述对菌株进行初步分类，表 2-3 列出各酵母菌的菌株编号、WL 营养琼脂培养基上的菌落形态描述及分类情况。

在内蒙古自治区呼和浩特市和林格尔县、内蒙古自治区通辽市霍林河市及山西省右玉县附近共分离出酵母菌 50 株，通过各菌株在 WL 营养琼脂培养基上的特征差异，将它们为 13 个类型，见表 2-3。

表 2-2 不同酵母菌在 WL 营养琼脂培养基上的菌落形态描述

菌种	菌落颜色	菌落形态
酿酒酵母 *Saccharomyces cerevisiae*	奶油色，稍带绿色	球形突起，表面光滑，不透明，奶油状
戴尔凯氏有孢圆酵母 *Torulaspora delbrueckii*	奶油色，稍带淡淡的绿色	球形突起，表面光滑，不透明，奶油状
葡萄汁有孢汉逊酵母 *Hanseniaspora uvarum*	深绿色	扁平，表面光滑，不透明，黄油状

（续表）

菌种	菌落颜色	菌落形态
路氏类酵母 *Saccharomycodes ludwigii*	鲜绿色	球形突起，突面，表面光滑，不透明，奶油状
粟酒裂殖酵母 *Schizosaccharomyces pombe*	深绿色	菌落很小，表面光滑，不透明，黄油状
红酵母 *Rhodotorula* species	红色	球形突起，突面，表面光滑，黏稠，黄油状
美极梅奇酵母 *Metschnikowia pulcherrima*	奶油色，带淡淡的红色，底部红棕色	菌落小，突面，面粉状
膜璞毕赤酵母 *Pichia membranifaciens*	灰绿色，带淡淡的蓝色	较高的突面，表面褶皱，面粉状
克鲁维毕赤酵母 *Pichia kluyveri*	白色，带淡绿色	扁平，表面褶皱，粗糙，中间火山状
异常汉逊酵母 *Hansenulaanomala*	奶油色至灰蓝色，蓝色 8d 后出现	扁平，表面光滑，奶油状
中间型酒香酵母 *Brettanomyces intermedius*	奶油色，8d 后出现	菌落小，较高的圆屋顶状突起，表面光滑，奶油状
拜耳接合酵母 *Zygosaccharomyces bailii*	奶油色	菌落小，较高的圆屋顶状突起，表面光滑，奶油状
假丝酵母 *Candida* species	中央奶油状，边缘绿色	扁平，表面光滑，不透明
浅黄隐球酵母 *Cryptococcus flavescens*	奶油色带灰绿色	圆顶状突起，表面光滑湿润，边缘整齐
禾本红酵母 *Rhodotorula graminis*	红棕色	菌落较小，球形突起，表面光滑湿润
红色冬孢酵母 *Rhodosporidium kratochvilovae*	红色泛灰色，背面红棕色	奶油状

表 2-3　酵母菌株在 WL 营养琼脂培养基上的菌落形态描述

类型	菌株编号	菌落形态	与表 2-2 对应菌种
A	JGZ2，WKZ1-1，WKZ4-1，WKZ2，WKZ3，WKZ5，WFZ1，WFZ2-1	红色，球形突起，表面湿润光滑	*Rhodotorula graminis*
B	HLC1，HLC2，HLC3，HLC6	红色泛灰色，平坦，表面光滑，奶油状	*Rhodosporidium kratochvilovae*

（续表）

类型	菌株编号	菌落形态	与表2-2对应菌种
C	HLD2	棕色，边缘白色，球形突起，表面湿润光滑	未提及
D	WKZ4-2	奶油色带灰绿色，球形突起，表面湿润光滑	*Cryptococcus flavescens*
E	WH3，WH6	黑色，表面光滑	未提及
F	WF2，WI1，WI5	黄色，边缘有放射状的丝，表面干燥褶皱	未提及
G	JHZ4，JGZ1，JGZ3，JIZ1，JIZ4，JIZ5，WEZ1，WEZ2	白色，平坦，表面湿润光滑	未提及
H	FI5，FI6	红棕色，中间绿色，球形突起，表面光滑	未提及
I	WKZ1-2	奶油色，稍带淡淡的绿色，小菌落，球形突起，表面湿润光滑	*Torulaspora delbrueckii*
J	WFZ2-2，WCZ4，JJZ3，JIZ3，JHZ2，WCZ3，JIZ2-2，JJZ5，WCZ5，JHZ1	深绿色，边缘有透明环，扁平，表面光滑	*Hanseniaspora uvarum*
K	WCZ2，JHZ3，JJZ4，FB3	深绿色，菌落较小，扁平表面光滑	*Hanseniaspora uvarum*
L	C2-2	灰白色，球形突起，面粉状	未提及
M	FS1，FS2，FS3，FS4，FS5	红色，底部红棕色，小菌落，球形突起，面粉状	*Metschnikowia pulcherrima*

根据表2-3的结果，WL营养琼脂培养基分类的结果为13类：A为禾本红酵母（*Rhodotorula graminis*），B为红色冬孢酵母（*Rhodosporidiumkratochvilovae*），D为浅黄隐球酵母（*Cryptococcus flavescens*），I为戴尔凯氏有孢圆酵母（*Torulaspora delbrueckii*），J和K为葡萄汁有孢汉逊酵母（*Hanseniaspora uvarum*），M为美极梅奇酵母（*Metschnikowia pulcherrima*）；C、E、F、G、H、L未提及。

（三）沙棘酵母菌株的生理生化特征

根据表2-3的分类结果，从每个类型当中，选取1株具有代表性的菌株，进行生理生化试验。试验菌株的碳源、氮源同化试验结果见表2-4。

表 2-4　代表性菌株的生理生化特征

项目	JGZ2	HLC2	HLD2	WKZ4-2	WH6	WI1	WEZ1	FI5	WKZ1-2	WFZ2-2	JHZ3	C2-2	FS5
1. 碳源同化													
葡萄糖	+	+	+	+	+	+	+	+	+	+	+	+	+
D-半乳糖	+	+	+	+	+	+	+	+	+	-	-	+	+
蔗糖	+	-	+	+	+	+	+	+	+	-	-	+	+
麦芽糖	-	+	+	+	-	-	-	-	-	-	-	-	-
蜜二糖	-	-	-	+	-	-	-	+	-	-	-	-	-
D-阿拉伯糖	+	-	-	-	-	-	-	+	-	-	-	-	-
松三糖	-	-	+	+	+	+	-	+	-	-	-	-	+
海藻糖	+	-	+	+	+	+	+	+	+	-	-	-	+
D-核糖	+	-	-	+	-	+	+	+	-	-	-	-	+
L-鼠李糖	-	-	-	+	-	-	-	-	-	-	-	-	-
菊糖	-	-	-	-	-	-	-	+	-	+	-	-	-
D-木糖	+	-	-	+	-	+	+	+	-	-	-	-	-
纤维二糖	+	+	+	+	-	+	+	-	-	+	-	-	+
乳糖	-	-	-	+	-	-	-	-	-	-	-	-	-
棉子糖	+	-	-	+	-	-	-	-	-	-	-	-	-
L-山梨糖	-	-	-	-	-	-	-	-	-	-	-	-	-
D-果糖	+	-	-	+	-	-	+	+	+	+	+	-	+
D-山梨醇	+	-	-	-	-	-	-	+	-	-	-	-	+
D-甘露醇	+	-	-	-	-	-	-	-	-	-	-	-	+
肌醇	-	-	-	-	-	-	-	-	-	-	-	-	-
柠檬酸	+	-	+	+	-	-	+	+	-	-	-	+	+
琥珀酸	+	-	+	+	-	-	+	+	+	-	-	+	+
淀粉	-	-	+	+	+	+	-	-	-	-	-	-	-
甲醇	-	-	-	-	-	-	-	-	-	-	-	-	-
乙醇	+	+	+	+	-	-	+	+	-	-	-	+	+
甘油	+	+	+	-	-	-	+	-	-	-	-	+	+
DL-乳酸	-	-	-	+	+	+	-	-	-	-	-	-	-
2. 氮源同化													
硝酸钾	+	+	-	-	+	-	-	-	-	-	-	-	-
亚硝酸钠	+	+	-	-	-	-	-	-	-	-	-	-	-
L-赖氨酸	+	+	+	-	+	+	+	+	+	+	-	+	+
肌酸	-	+	-	-	-	-	-	-	-	-	-	-	-
肌酸酐	-	-	-	-	-	-	-	-	-	-	-	-	-

由表2-4可以看出，各代表菌株在碳源和氮源的同化上均表现出不同程度的特征差异，通过与《酵母菌的特征与鉴定手册》和《微生物分类学》的检索表进行比对，并结合各代表菌株在 WL 营养琼脂培养基上的菌落形态，可以将其鉴定为 10 个属。JGZ2 鉴定为红酵母属（*Rhodotorula*）；HLC2 鉴定为红冬孢酵母属（*Rhodosporidium*）；HLD2 鉴定为锁掷孢酵母属（*Sporidiobolus*）；WKZ4-2 鉴定为隐球酵母属（*Cryptococcus*）；WH6 和 WI1 鉴定为短梗霉属（*Aureobasidium*）；WEZ1 和 C2-2 鉴定为毕赤酵母属（*Pichia*）；FI5 鉴定为假丝酵母属（*Candida*）；WKZ1-2 鉴定为有孢圆酵母属（*Torulaspora*）；WFZ2-2 和 JHZ3 鉴定为有孢汉逊酵母属（*Hanseniaspora*）；FS5 鉴定为美奇酵母属（*Metschnikowia*）。

（四）沙棘酵母的分子生物学鉴定

1. 沙棘酵母菌 26S rDNA D1/D2 区域序列扩增

对试验菌株进行 DNA 微量的提取，以各菌株的 DNA 为模板进行 PCR（25μL 体系）扩增，然后对所扩增的酵母菌 26S rDNA D1/D2 区域序列的 PCR 产物进行电泳检测，结果见图 2-2 至图 2-7，在 Marker 500~750bp 条带之间存在一条大小约为 600bp 的清晰明亮的条带，即为目的条带。

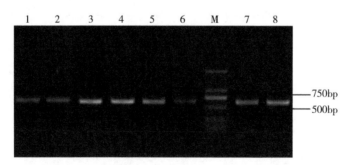

M—D2000 DNA Marker；1—WKZ1-1；2—WKZ1-2；3—WKZ2；
4—WKZ3；5—WKZ4-1；6—WKZ4-2；7—WKZ5；8—FB3。

图 2-2　部分菌株 26S rDNA D1/D2 区域序列扩增（一）

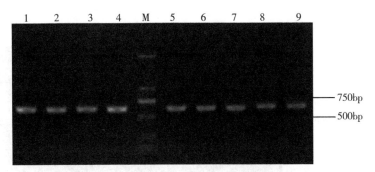

M—D2000 DNA Marker；1—JJZ3；2—JJZ4；3—JJZ5；4—WI1；
5—WI5；6—JIZ1；7—JIZ2-2；8—JIZ3；9—JIZ4。

图 2-3　部分菌株 26S rDNA D1/D2 区域序列扩增（二）

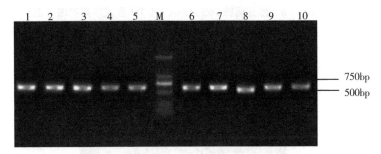

M—D2000 DNA Marker；1—JIZ5；2—FI5；3—FI6；4—JGZ1；5—JGZ2；
6—JGZ3；7—WFZ1；8—WFZ2-1；9—WFZ2-2；10—WF2。

图 2-4　部分菌株 26S rDNA D1/D2 区域序列扩增（三）

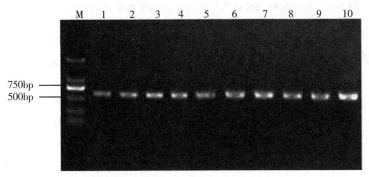

M—D2000 DNA Marker；1—HLC1；2—HLC2；3—HLC3；4—HLC6；
5—HLD2；6—C2-2；7—FS1；8—FS2；9—FS3；10—FS4。

图 2-5　部分菌株 26S rDNA D1/D2 区域序列扩增（四）

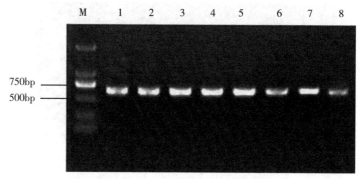

M—D2000 DNA Marker；1—FS5；2—WCZ2；3—WCZ3；4—WCZ4；
5—WCZ5；6—WEZ1；7—WEZ2；8—WH3。

图 2-6　部分菌株 26S rDNA D1/D2 区域序列扩增（五）

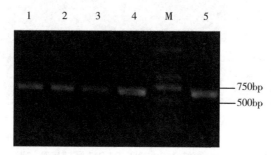

M—D2000 DNA Marker；1—WH6；2—JHZ1；3—JHZ2；4—JHZ3；5—JHZ4。

图 2-7　部分菌株 26S rDNA D1/D2 区域序列扩增（六）

2. 沙棘酵母菌 26S rDNA D1/D2 区域序列同源性分析及其种属鉴定

对在内蒙古自治区呼和浩特市和林格尔县、内蒙古自治区通辽市霍林河市及山西省右玉县附近沙棘果分离出的 50 株酵母菌的 26S rDNA D1/D2 区进行序列测定，根据测序结果，利用 BLAST 软件从 GenBank 核酸序列数据库中进行相似序列搜索，比较测序菌株与已知酵母菌相应序列的相似程度。表 2-5 列出各菌株的比对结果。

由表 2-5 可知，JJZ4 等 14 株菌与模式菌株 *Hanseniaspora uvarum* NRRL Y-1614 的同源性均达到了 99% 或 100%，所以可以将其鉴定为 *Hanseniaspora uvarum*；WKZ4-2 与模式菌株 *Cryptococcus flavescens* CBS 6473 的同源性达到 99%，所以将其鉴定为 *Cryptococcus flavescens*；HLD2 与模式菌株 *Sporidiobolus pararoseus* CBS 4216 的同源性达到 99%，所以将其鉴定为 *Sporidiobolus pararoseus*；HLC1、HLC2、HLC3、HLC6 与模式菌株 *Rhodosporidium kratochvilovae* CBS 5993 的同源性均达到了 99%，所以将其鉴定为 *Rhodosporidiumkratochvilovae*；FS1 等 5 株菌与模式菌株 *Metschnikowia pulcherrima* NRRL Y-7111 的同源性均达到了 99%或 100%，所以将其鉴定为 *Metschnikowia pulcherrima*；FI5 和 FI6 与模式菌株 *Candida orthopsilosis* CBS 8825 的同源性均为 100%，所以将其鉴定为 *Candida orthopsilosis*；JGZ1 等 8 株菌与模式菌株 *Pichia guilliermondii* NRRL Y-27949 的同源性均达到了 99%或 100%，所以将其鉴定为 *Pichia guilliermondii*；WF2 等 5 株菌与模式菌株 *Aureobasidium pullulans* TJY13b 的同源性均达到了 99%或 100%，所以将其鉴定为 *Aureobasidium pullulans*；JGZ2 等 8 株菌与模式菌株 *Rhodotorula graminis* CBS 2826 的同源性均达到了 99%，所以将其鉴定为 *Rhodotorula graminis*；C2-2 与模式菌株 *Pichia anomala* NRRL Y-366 的同源性达到了 99%，所以将其鉴定为 *Pichia anomala*；WKZ1-2 与模式菌株 *Torulaspora delbrueckii* NRRL Y-866 的同源性达到了 99%，所以将其鉴定为 *Torulaspora delbrueckii*。

表 2-5 沙棘酵母菌 26S rDNA D1/D2 区域序列同源性比对结果

菌株编号	菌株鉴定结果	同源性（%）	菌株编号	菌株鉴定结果	同源性（%）
JJZ4	*Hanseniaspora uvarum*	100	FI5	*Candida parapsilosis*	100
JHZ1	*Hanseniaspora uvarum*	99	FI6	*Candida parapsilosis*	100
FB3	*Hanseniaspora uvarum*	100	JGZ1	*Pichia guilliermondii*	99
WCZ3	*Hanseniaspora uvarum*	99	JHZ4	*Pichia guilliermondii*	99
JHZ3	*Hanseniaspora uvarum*	99	JGZ3	*Pichia guilliermondii*	99
WCZ5	*Hanseniaspora uvarum*	100	WEZ1	*Pichia guilliermondii*	99
WCZ4	*Hanseniaspora uvarum*	100	JIZ4	*Pichia guilliermondii*	100
JIZ3	*Hanseniaspora uvarum*	100	JIZ5	*Pichia guilliermondii*	100
WFZ2-2	*Hanseniaspora uvarum*	100	JIZ1	*Pichia guilliermondii*	99
JJZ5	*Hanseniaspora uvarum*	100	WEZ2	*Pichia guilliermondii*	99
JHZ2	*Hanseniaspora uvarum*	99	WF2	*Aureobasidium pullulans*	100
JJZ3	*Hanseniaspora uvarum*	99	WI5	*Aureobasidium pullulans*	99
WCZ2	*Hanseniaspora uvarum*	100	WH3	*Aureobasidium pullulans*	100
JIZ2-2	*Hanseniaspora uvarum*	99	WH6	*Aureobasidium pullulans*	99
WKZ4-2	*Cryptococcus flavescens*	99	WI1	*Aureobasidium pullulans*	99
HLD2	*Sporidiobolus pararoseus*	99	JGZ2	*Rhodotorula graminis*	99
HLC1	*Rhodosporidium kratochvilovae*	99	WKZ3	*Rhodotorula graminis*	99
HLC2	*Rhodosporidium kratochvilovae*	99	WFZ2-1	*Rhodotorula graminis*	99
HLC3	*Rhodosporidium kratochvilovae*	99	WKZ1-1	*Rhodotorula graminis*	99
HLC6	*Rhodosporidium kratochvilovae*	99	WKZ2	*Rhodotorula graminis*	99

（续表）

菌株编号	菌株鉴定结果	同源性（%）	菌株编号	菌株鉴定结果	同源性（%）
FS1	*Metschnikowia pulcherrima*	100	WKZ5	*Rhodotorula graminis*	99
FS2	*Metschnikowia pulcherrima*	99	WFZ1	*Rhodotorula graminis*	99
FS3	*Metschnikowia pulcherrima*	99	WKZ4-1	*Rhodotorula graminis*	99
FS4	*Metschnikowia pulcherrima*	100	C2-2	*Pichia anomala*	99
FS5	*Metschnikowia pulcherrima*	99	WKZ1-2	*Torulaspora delbrueckii*	99

本研究共分离到 14 株 *Hanseniaspora uvarum*，8 株 *Pichia guilliermondii*，8 株 *Rhodotorula graminis*、5 株 *Aureobasidium pullulans*、5 株 *Metschnikowia pulcherrima*、2 株 *Candida orthopsilosis*、1 株 *Pichia anomala*、4 株 *Rhodosporidium kratochvilovae*、1 株 *Sporidiobolus pararoseus*、1 株 *Cryptococcus flavescens*、1 株 *Torulaspora delbrueckii*。共 11 个种。

3. 沙棘酵母菌 26S rDNA D1/D2 区域序列系统发育分析

为了研究分离到的酵母菌与已知种属的模式菌株之间的亲缘关系及其系统发育地位，依据同源序列的搜索结果，分别下载到 11 个种的模式菌株 26S rDNA D1/D2 区域序列，并从试验分离到的酵母菌每个种中选取一株，用 Clustal X 软件进行匹配分析，使用 MEGA 4 软件进行多序列对位排列，并采用其软件包中的 Kimuran-parameter distance 模型及 Neighbour-joining 法构建系统发育树，并进行 1 000次 Bootstrap 检验。发育树见图 2-8。

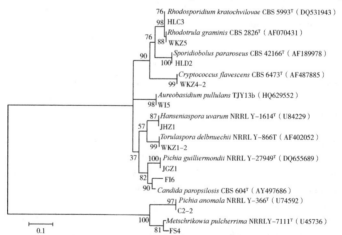

图 2-8　基于 26S rDNA D1/D2 区域序列和 Neighbour-joining 分析法绘制的沙棘酵母菌和相关酵母模式菌株系统发育树

从系统发育树可以看出，HLC3、WKZ5、HLD2 和 WKZ4-2 各自对应的 26S rDNA D1/D2 区域序列在进化关系上的亲缘关系较近，形成了第一类群；JHZ1、WKZ1-2、JGZ1 和 FI6 各自对应的 26S rDNA D1/D2 区域序列在进化关系上的亲缘关系较近，形成了第二类群；C2-2 和 FS4 各自对应的 26S rDNA D1/D2 区域序列在进化关系上的亲缘关系较近，形成了第三类群；WI5 对应的 26S rDNA D1/D2 区域序列与上述 10 个序列的亲缘关系较远，形成了第四类群。所有的分离菌株与对应的模式菌株的同源性均在 99% 以上，并与之聚在一起，这证明酵母菌 26S rDNA D1/D2 区域序列分析结果的准确性。

（五）各地区样本中沙棘酵母菌分离鉴定情况分析

本研究从 3 个地区所生长的沙棘中共分离到 11 个种、50 株酵母菌。见表 2-6。

表 2-6　各地区样品中沙棘酵母菌的分离鉴定情况

菌株英文名称	菌株中文名称	分离数（株）	分离比（%）
内蒙古自治区呼和浩特市和林格尔县沙棘酵母菌			
Rhodotorula graminis	禾本红酵母	8	29.63
Hanseniaspora uvarum	葡萄汁有孢汉逊酵母	7	25.93
Pichia guilliermondii	季也蒙毕赤酵母	5	18.52
Aureobasidium pullulans	黑酵母菌（出芽短梗霉）	3	11.11
Candida parapsilosis	近平滑假丝酵母	2	7.41
Torulaspora delbrueckii	戴尔凯氏有孢圆酵母	1	3.70
Cryptococcus flavescens	浅黄隐球酵母	1	3.70
山西省右玉县沙棘酵母菌			
Hanseniaspora uvarum	葡萄汁有孢汉逊酵母	7	38.89
Metschnikowia pulcherrima	美极梅奇酵母	5	27.78
Pichia guilliermondii	季也蒙毕赤酵母	3	16.67
Aureobasidium pullulans	黑酵母菌（出芽短梗霉）	2	11.11
Pichia anomala	异常毕赤酵母	1	5.56
内蒙古自治区通辽市霍林河市沙棘酵母菌			
Rhodosporidium kratochvilovae	红色冬孢酵母	4	—
Sporidiobolus pararoseus	近玫色锁掷孢酵母	1	—

在内蒙古自治区呼和浩特市和林格尔县采集的样本共分离到 7 个种（占种类数的 63.64%）、27 株酵母菌。其中分离到 8 株 *Rhodotorula graminis* 和 7 株 *Hanseniaspora uvarum*，分离数量占该地区样本总量分别为 29.63% 和

25.93%，是该地区沙棘果表面的优势酵母菌；另外还分离到 2 株 *Candida parapsilosis*、1 株 *Torulaspora delbrueckii*、1 株 *Cryptococcus flavescens*、5 株 *Pichia guilliermondii* 和 3 株 *Aureobasidium pullulans*。从结果来看，该地区的沙棘酵母表现出很好的菌种多样性。

来自山西省右玉县的样本共分离到 5 个种（占种类数的 45.45%）、18 株酵母菌。其中分离到 7 株 *Hanseniaspora uvarum* 和 5 株 *Metschnikowia pulcherrima*，分离数量占该地区样本总量分别为 38.89% 和 27.78%，是该地区的优势酵母菌；另外还分离到 1 株 *Pichia anomala*、3 株 *Pichia guilliermondii* 和 2 株 *Aureobasidium pullulans*。从结果来看，该地区沙棘酵母的菌种多样性较丰富。

来自内蒙古自治区通辽市霍林河市的样本仅分离到 2 个种（占种类数的 18.18%）、5 株酵母菌。其中分离到 4 株 *Rhodosporidium kratochvilovae* 和 1 株 *Sporidiobolus pararoseus*。由于该地区的菌株数量较少，不能确定该地区的菌种多样性。

三、讨论

1. WL 营养琼脂培养基鉴定特征与 26S rDNA D1/D2 区域测序结果对比分析

酵母菌鉴定的方法有很多，传统鉴定酵母菌的方法是形态学和生理生化特性学（本试验中采用 WL 营养琼脂培养基鉴定）。随着分子生物学技术手段的广泛使用，菌体鉴定方法就多种多样了。有全细胞可溶性蛋白电泳、DNA G+C 摩尔百分含量计算、核酸杂交等以 DNA 为基础的分类方法。

传统鉴定酵母菌的方法，由于酵母菌主要以单细胞形式存在，可供考察的形态特征很有限，故其种级水平上的分类，主要以对糖类化合物的发酵和对碳、氮源化合物的同化能力、对外源维生素的依赖性和不同温度下的生长能力等生理学特性为依据。然而，这些特征所表现的均是表型性状，难以反映种间的亲缘关系。有些碳水化合物虽然种类或结构不同，但却具有相同的代谢途径，因此，它们所反映的遗传基础是有限的。另外，此方法需要耗费较长的时间和较多的人力（要做将近 100 种生理生化试验），目前学界采用分子生物学技术或用两种方法相结合来鉴定菌种已十分普遍。

随着 DNA 序列分析技术的日趋成熟和简易化，rDNA 基因及其转录间区（ITS）的序列分析被越来越多地应用于酵母菌的分子分类学和分子系统学研究中。2003 年，日本学者论证了大亚基 rDNA 基因中 D1/D2 序列鉴定优于 ITS1 区域序列。在美国，Kurtzman 和 Fell 领导的两个实验室，在酵母菌的 D1/D2 区域序列分析和分子生物学分类方面做出了最权威性的工作，发现用这段序列可以将绝大部分种区别开，而种内不同菌株间的碱基差异不大于 1%。由于这些序列均已公布于 GenBank/EMBL/DDBJ 等国际核酸序列数据库，为酵母菌的分子分类学研究带来了很大便利。

本研究将 WL 营养琼脂培养基特征结果与 26S rDNA D1/D2 区域测序结果进行对照（表 2-7）。结果发现，WL 营养琼脂培养基在对沙棘酵母进行初步鉴定时，除 *Rhodotorula graminis*、*Rhodosporidium kratochvilovae*、*Cryptococcus flavescens*、*Torulaspora delbrueckii* 和 *Metschnikowia pulcherrima* 的分子鉴定结果和 WL 特征完全一致，其他的沙棘酵母菌株都不能像葡萄相关酵母那样被鉴定到很细致的水平，例如，JHZ4 和 C2-2 仅能通过 WL 特征鉴定到属的水平；HLD2、WH6、WF2 和 FI5 的 WL 特征与表 2-2 进行比对时未能找到相对应的属种类型。但是，从表 2-7 可以看出不同的沙棘酵母菌在 WL 营养琼脂培养基上的特征是不同的，这为简化沙棘酵母的筛选提供了一定的准确性与可行性，并结合分子生物学的鉴定方法，可以较方便地对不同地域的沙棘酵母进行分析。

2. 沙棘酵母菌的快速鉴定方法的初步建立

WL 营养琼脂培养基是被设计用来监测饮料发酵过程中微生物类群的一种非选择性培养基。Cavazza 等研究表明，在葡萄酒自然发酵过程中出现的大多数典型酵母菌种都可以用 WL 营养琼脂培养基根据菌落颜色及形态加以区分。

本研究所选酵母菌全部分离于野生沙棘林中的沙棘浆果表面，沙棘果和葡萄同属于浆果类，由于营养成分、所处地域、最适生长环境等因素的不同，使得它们表皮的微生物种群存在一定的差异，从而在对沙棘酵母进行WL 特征鉴定时，没有表现出很好的效果（表 2-7）。

表 2-7　WL 营养琼脂培养基的特征鉴定结果与序列分析结果的对照

菌株编号	WL 形态描述	与表 2-2 对应菌种	26S rDNA D1/D2 区域序列比对结果
JGZ2，WKZ1-1，WKZ4-1，WKZ2，WKZ3，WFZ1，WKZ5，WFZ2-1	红色，球形突起，表面湿润光滑	*Rhodotorula graminis*	*Rhodotorula graminis*
HLC1，HLC2，HLC3，HLC6	红色泛灰色，平坦，表面光滑，奶油状	*Rhodosporidium kratochvilovae*	*Rhodosporidium kratochvilovae*
HLD2	棕色，边缘白色，球形突起，表面湿润光滑	未提及	*Sporidiobolus pararoseus*

（续表）

菌株编号	WL 形态描述	与表 2-2 对应菌种	26S rDNA D1/D2 区域序列比对结果
WKZ4-2	奶油色带灰绿色，球形突起，表面湿润光滑	*Cryptococcus flavescens*	*Cryptococcus flavescens*
WH6，WH3	黑色，表面光滑	未提及	*Aureobasidium pullulans*
WF2，WI1，WI5	黄色，边缘有放射状的丝，表面干燥褶皱	未提及	*Aureobasidium pullulans*
JHZ4，JGZ3，JIZ5，JIZ4，JIZ1，WEZ1，JGZ1，WEZ2	白色，平坦，表面湿润光滑	*Pichia*	*Pichia guilliermondii*
FI5，FI6	红棕色，中间绿色，球形突起，表面光滑	未提及	*Candida parapsilosis*
WKZ1-2	奶油色，稍带淡淡的绿色，小菌落，球形突起，表面湿润光滑	*Torulaspora delbrueckii*	*Torulaspora delbrueckii*
WFZ2 - 2，WCZ4，JJZ3，JIZ3，JHZ2，WCZ3，JIZ2 - 2，JJZ5，WCZ5，JHZ1	深绿色，边缘有透明环，扁平，表面光滑	*Hanseniaspora uvarum*	*Hanseniaspora uvarum*
WCZ2，JHZ3，JJZ4，FB3	深绿色，菌落较小，扁平表面光滑	*Hanseniaspora uvarum*	*Hanseniaspora uvarum*
C2-2	灰白色，球形突起，面粉状	*Pichia*	*Pichia anomala*
FS1，FS2，FS3，FS4，FS5	红色，底部红棕色，小菌落，球形突起，面粉状	*Metschnikowia pulcher-rima*	*Metschnikowia pulcherri-ma*

但是通过 WL 特征鉴定、分子生物学鉴定及生理生化特征鉴定这 3 种鉴定手段对沙棘酵母进行综合分析并结合表 2-4、表 2-7 可以发现，其鉴定结果存在着一定的关联性（表 2-8）。

表 2-8　基于 3 种鉴定方法结果的分析

分子鉴定结果	代表菌株	WL 特征描述	生理生化差异	分析
Hanseniaspora uvarum	WFZ2-2	深绿色，边缘有透明环，扁平，表面光滑	纤维二糖	同种间的差异
	JHZ3	深绿色，菌落较小，扁平，表面光滑		
Pichia guilliermondii	WEZ1	白色，平坦，表面湿润光滑	松三糖、菊糖、L-鼠李糖	同属内不同种间的差异
Pichia anomala	C2-2	灰白色，突起，面粉状		

（续表）

分子鉴定结果	代表菌株	WL 特征描述	生理生化差异	分析
Sporidiobolus pararoseus	HLD2	棕色，边缘白色，突起，表面湿润光滑	表现出的更大差异	不同属间的差异
Candida parapsilosis	FI5	红棕色，中间绿色，渐渐变为全绿色，突起，表面光滑		
Aureobasidium pullulans	WH6	黑色，表面光滑	D－核糖、纤维二糖	同种间的差异
	WI1	黄色，边缘有放射状的丝，表面干燥褶皱		

两种 WL 特征类型的 *Hanseniaspora uvarum*，其代表菌株 WFZ2-2 和 JHZ3 的生理生化特征几乎完全相同，仅纤维二糖在同化上存在差异，可认定为同种间的差异；*Pichia guilliermondii* 和 *Pichia anomala*，它们的分子鉴定结果表现为 WL 特征上的差异，其代表菌株 WEZ1 和 C2-2 的生理生化特征存在 3 处差异（松三糖、L-鼠李糖、菊糖）可认定为同属内不同种间的差异；*Sporidiobolus pararoseus* 和 *Candida parapsilosis* 的分子鉴定结果未能通过 WL 特征找到对应的分类，其代表菌株 HLD2 和 FI5 的生理生化特征也表现出的更大的差异可认定为不同属间的差异；*Aureobasidium pullulans* 在 WL 营养琼脂培养基上的特征表现出两种截然不同的差异，这可能是因为它们分离于不同的地域，由于温度、湿度等环境因素的不同，菌株为了适应各自不同的环境而在长期的驯化过程中表现出不同的表型特征，其代表菌株 WH6 和 WI1 的生理生化特征仅存在 2 处差异（D-核糖、纤维二糖），可认定为同种间的差异。

通过上述分析，在对沙棘酵母进行 WL 营养琼脂培养基的初步鉴定时，*Hanseniaspora uvarum* 和 *Aureobasidium pullulans* 在同种间的差异、*Pichia guilliermondii* 和 *Pichia anomala* 在同属内不同种间的差异及 *Sporidiobolus pararoseus* 和 *Candida parapsilosis* 在不同属间的差异，都通过生理生化试验得到了很好的验证。基于这些具有关联性的特征作为依据，在对沙棘酵母进行初步分类时，可以建立一种快速鉴定方法（表2-9）。

表2-9 不同沙棘酵母菌在 WL 营养琼脂培养基上的菌落形态鉴定

菌种	菌落颜色	菌落形态
Sporidiobolus pararoseus	棕色	边缘白色，球面突起，表面湿润光滑

（续表）

菌种	菌落颜色	菌落形态
Aureobasidium pullulans	黑色	表面光滑
Aureobasidium pullulans	黄色	边缘有放射状的丝，表面干燥褶皱
Pichia guilliermondii	白色	平坦，表面湿润光滑
Candida parapsilosis	红棕色，中间绿色	球面突起，表面光滑
Hanseniaspora uvarum	深绿色	边缘有透明环，扁平，表面光滑
Hanseniaspora uvarum	深绿色	菌落较小，表面光滑
Pichia anomala	灰白色	球面突起，面粉状

该表补充了一些在进行初步分类时未能通过 WL 上形态特征鉴定到种的沙棘酵母菌，为沙棘酿造产业在筛选沙棘酵母优良株方面提供了一种方便、快速的方法。其结果的可靠性还需在后续试验中进一步验证。

3. 沙棘酵母菌的分布规律

从图 2-9 可以看出，在内蒙古自治区呼和浩特市和林格尔县和山西省右玉县这两个样品采集地都分离得到 *Hanseniaspora uvarum*、*Pichia guilliermondii* 和 *Aureobasidium pullulans*。其中 *Hanseniaspora uvarum* 为优势菌，说明此菌是分布较为广泛的菌种；在内蒙古自治区呼和浩特市和林格尔县分离得到的 *Rhodotorula graminis* 与山西省右玉县分离得到的 *Metschnikowia pulcherrima* 分别为两地的优势菌，构成两地沙棘酵母的特色酵母菌群。

从图 2-10 可以看出，在山西—内蒙古地区 3 种不同环境中的酵母菌群数量较为平均：阳坡 5 种酵母菌群、阴坡 5 种酵母菌群、河槽 4 种酵母菌群。其中分布较为广泛的 *Hanseniaspora uvarum* 在 3 种环境中均有分布，可以认为该菌也是一种适应性较强的菌种；而作为山西—内蒙古地区特色酵母菌群的 *Rhodotorula graminis* 和 *Metschnikowia pulcherrima*，它们在该地区的分布受到了环境的制约，可认为它们的生长受环境因素影响较大。

在内蒙古自治区通辽市霍林河市采集的样本，由于采集地较远，样本在路上时间过长，在分离筛选时仅得到 2 个种，5 株酵母菌。但从结果来看，在该地区得到的酵母菌种是山西—内蒙古地区所没有的，这可能是由于该地区处更高的纬度，其气候、环境等因素的不同，使其适应了该地区的生长。

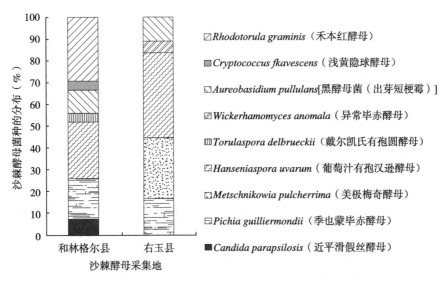

☑*Rhodotorula graminis*（禾本红酵母）

■*Cryptococcus fkavescens*（浅黄隐球酵母）

▱*Aureobasidium pullulans*[黑酵母菌（出芽短梗霉）]

▨*Wickerhamomyces anomala*（异常毕赤酵母）

▥*Torulaspora delbrueckii*（戴尔凯氏有孢圆酵母）

▨*Hanseniaspora uvarum*（葡萄汁有孢汉逊酵母）

▨*Metschnikowia pulcherrima*（美极梅奇酵母）

▱*Pichia guilliermondii*（季也蒙毕赤酵母）

■*Candida parapsilosis*（近平滑假丝酵母）

图 2-9　沙棘酵母菌在 3 个采集地的分布

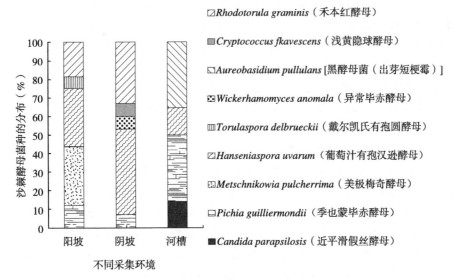

☑*Rhodotorula graminis*（禾本红酵母）

■*Cryptococcus fkavescens*（浅黄隐球酵母）

▱*Aureobasidium pullulans*[黑酵母菌（出芽短梗霉）]

▨*Wickerhamomyces anomala*（异常毕赤酵母）

▥*Torulaspora delbrueckii*（戴尔凯氏有孢圆酵母）

▨*Hanseniaspora uvarum*（葡萄汁有孢汉逊酵母）

▨*Metschnikowia pulcherrima*（美极梅奇酵母）

▱*Pichia guilliermondii*（季也蒙毕赤酵母）

■*Candida parapsilosis*（近平滑假丝酵母）

图 2-10　不同采集环境中沙棘酵母菌的分布

该地区的菌种多样性还需在以后的研究中进一步证实。

四、结论

本研究在内蒙古自治区呼和浩特市和林格尔县、内蒙古自治区通辽市霍林河市及山西省右玉县附近这 3 个地区采集的 14 个样本中共分离得到 50 株沙棘酵母菌，通过 WL 营养琼脂培养基的初步鉴定、生理生化特征鉴定、26S rDNA D1/D2 区域序列鉴定以及代表菌株系统发育分析，对所分离到的菌株进行了较系统的分类鉴定研究和多样性分析，结论如下。

所有菌株经鉴定为 10 个属 11 个种。分别为 *Candida parapsilosis*（近平滑假丝酵母）、*Pichia guilliermondii*（季也蒙毕赤酵母）、*Pichia anomala*（异常毕赤酵母）、*Metschnikowia pulcherrima*（美极梅奇酵母）、*Hanseniaspora uvarum*（葡萄汁有孢汉逊酵母）、*Torulaspora delbrueckii*（戴尔凯氏有孢圆酵母）、*Aureobasidium pullulans*［黑酵母菌（出芽短梗霉）］、*Cryptococcus flavescens*（浅黄隐球酵母）、*Sporidiobolus pararoseus*（近玫色锁掷孢酵母）、*Rhodosporidium kratochvilovae*（红色冬孢酵母）及 *Rhodotorula graminis*（禾本红酵母）。

在内蒙古自治区呼和浩特市和林格尔县采集的样本中，*Rhodotorula graminis* 和 *Hanseniaspora uvarum* 为该地区的优势菌种，共占该地区样本总数的 55.56%，其中 *Rhodotorula graminis* 为该地区的特色酵母菌群；其次 *Pichia guilliermondii* 占 18.52%；*Aureobasidium pullulans* 占 11.11%；*Candida parapsilosis* 占 7.41%；*Torulaspora delbrueckii* 和 *Cryptococcus flavescens* 共占 7.40%。从结果来看，该地区的沙棘酵母表现出很好的菌种多样性。

来自山西省右玉县采集的样本中，*Hansenias porauvarum* 和 *Metschnikowia pulcherrima* 为该地区的优势菌种，共占该地区样本总数的 66.67%，其中 *Metschnikowia pulcherrima* 为该地区的特色酵母菌群；其次 *Pichia guilliermondii* 占 16.67%、*Aureobasidium pullulans* 占 11.11%、*Pichia anomala* 占 5.55%。从结果来看，该地区沙棘酵母的菌种多样性较丰富。

山西—内蒙古地区 3 种环境因素下的沙棘酵母菌群分布较为平均，特色酵母菌群的分布受环境因素的影响较大。*Hanseniaspora uvarum* 在两个地区的样本中都有分布，是适应性较强、分布较为广泛的菌种。

要获得适用于发酵沙棘浆果的工程菌株还要对鉴定到种的菌株深入进行发酵特性研究。

第三章　野生沙棘果酵母的发酵特性及生产适用性研究

沙棘作为一种抗逆性很强的植物，其浆果上的微生物包括酵母菌在内应有其独特的特性。由于地理环境的限制，对于沙棘酵母的研究在国内很少，对它们的特性进行研究，可以补充微生物在这一类群中的数据。自然生长和人工栽培面积非常大的沙棘，浆果产量很大，作为果酒酿造原料，应该具有相当的应用前景。

在沙棘果酒的发酵过程中，沙棘果表皮酵母的发酵特性对发酵过程的影响极为重要，是影响沙棘果酒品质和典型性的重要因素。但是，酵母菌菌种数目庞大，种间差异较大，由于受到环境因素的影响，它们的菌群分布广泛，发酵特性表现多样，因此对沙棘酵母的发酵特性进行深入系统的研究，可以为以沙棘果为主要原料生产高品质的干红酒提供适用性强的优良菌种。

从沙棘果上筛选出的具有优良特性的酵母菌株，也可以在除酿酒以外的其他领域得到应用。比如污水处理中就需要具有耐酸特性的酵母菌株；具有产酯和产色素能力的酵母也有广泛用途。

本章针对本课题组分离纯化并经过鉴定的 11 株野生沙棘酵母菌株进行耐受性及生产适用性研究。这 11 株菌分别归属 10 个属 11 种，即 *Candida parapsilosis*（近平滑假丝酵母）、*Pichia guilliermondii*（季也蒙毕赤酵母）、*Pichia anomala*（异常毕赤酵母）、*Metschnikowia pulcherrima*（美极梅奇酵母）、*Hanseniaspora uvarum*（葡萄汁有孢汉逊酵母）、*Torulaspora delbrueckii*（戴尔凯氏有孢圆酵母）、*Aureobasidium pullulans*［黑酵母菌（出芽短梗霉）］、*Cryptococcus flavescens*（浅黄隐球酵母）、*Sporidiobolus pararoseus*（近玫色锁掷孢酵母）、*Rhodosporidium kratochvilovae*（红色冬孢酵母）、*Rhodotorula graminis*（禾本红酵母）。

第一节　材料与方法

一、试验材料

1. 供试菌株

在内蒙古自治区呼和浩特市和林格尔县境内的不同野生沙棘果林中采摘沙棘果，并在沙棘果表皮中分离、纯化出了 50 多株酵母菌，根据 WL 培养基显示出的特性，从中选取 11 株（表 3-1）进行本章试验。

表 3-1　野生沙棘酵母供试菌株及名称

菌株编号	鉴定结果
JIZ5	*Pichia guilliermondii*（季也蒙毕赤酵母）
JHZ3	*Hanseniaspora uvarum*（葡萄汁有孢汉逊酵母）
WI1	*Aureobasidium pullulans*［黑酵母菌（出芽短梗霉）］
FS2	*Metschnikowia pulcherrima*（美极梅奇酵母）
HLC6	*Rhodosporidium kratochvilovae*（红色冬孢酵母）
WKZ3	*Rhodotorula graminis*（禾本红酵母）
FI6	*Candida parapsilosis*（近平滑假丝酵母）
WKZ1-2	*Torulaspora delbrueckii*（戴尔凯氏有孢圆酵母）
C2-2	*Pichia anomala*（异常毕赤酵母）
WKZ4-2	*Cryptococcus flavescens*（浅黄隐球酵母）
HLD2	*Sporidiobolus pararoseus*（近玫色锁掷孢酵母）

2. 主要仪器设备

高压自动灭菌锅	日本 Hirayama 公司
振荡培养箱	哈尔滨市东联电子技术开发有限公司
超净工作台	苏州净化设备公司
雷磁精密 pH 计	上海精密科学仪器有限公司
空气浴振荡器	哈尔滨市东明医疗仪器厂
光学显微镜	日本 OLYMPUS 会社

恒温培养箱	上海博迅实业医疗设备厂
烘箱	上海精宏实验设备有限公司
旋涡混合器	江苏海门麒麟医用仪器厂
台式离心机	德国 Eppendorf 公司
高速冷冻离心机	德国 Eppendorf 公司
电子分析天平	德国 Sartorius 公司
紫外-可见分光光度计	北京普析通用仪器有限责任公司

3. 主要培养基

（1）耐酒精试验培养基

酵母膏 1%、蛋白胨 2%、葡萄糖 2%，115℃灭菌 30min。冷却后，加无水乙醇分别调至 8%、10%、12%、14%、16%、18%、20%的酒精浓度（V/V）。

（2）耐糖试验培养基

酵母膏 1%、蛋白胨 2%，加入不同量的葡萄糖，使培养基中的葡萄糖浓度分别为 400g/L、500g/L、600g/L、650g/L、700g/L、750g/L、800g/L，115℃灭菌 30min。

（3）耐酸碱试验培养基

酵母膏 1%、蛋白胨 2%、葡萄糖 2%，分别调 pH 值至 0.5、1.0、1.5、2.0、12、12.5、13、13.5，然后 115℃灭菌 30min。

（4）耐 SO_2 特性试验培养基

酵母膏 1%、蛋白胨 2%、葡萄糖 2%，115℃灭菌 30min，加亚硫酸使培养基中 SO_2 浓度分别为 250mg/L、300mg/L、400mg/L、500mg/L、600mg/L、700mg/L。

（5）耐渗透压（NaCl）试验培养基

酵母膏 1%、蛋白胨 2%、葡萄糖 2%，加入不同量的 NaCl，使培养基中的 NaCl 浓度分别为 160g/L、180g/L、200g/L、220g/L、240g/L、260g/L、280g/L、300g/L、320g/L、340g/L、360g/L，然后 115℃灭菌 30min 备用。

二、试验方法

1. 生长曲线的测定

挑取活化好的单菌落接种于 YPD 培养基中，28℃、170r/min 振荡培养 24h；取扩大培养的菌液按照相同菌浓度的接种量接种于装有 50mL YPD 培养基的三角瓶中，同样条件下振荡培养；分别于培养后每隔 2h 取菌体培养悬液，以原 YPD 培养液为对照，在波长 600nm 处比色测定菌液的 OD 值，直到 24h 以后。每个试验做 2 个平行。

2. 酵母菌耐受性测定

（1）耐酒精试验

配制 YPD 培养基，115℃灭菌 30min，冷却后，加 99%的无水乙醇调至不同的酒精浓度（V/V）为 8%、10%、12%、14%、16%、18%、20%。分别移取 0.5mL 于已灭菌的标有编号的 EP 管中，无菌条件下对应接种 11 株酵母菌，28℃培养 24h，然后对应编号点种于 YPD 平板上，28℃下培养 48h，观察并记录平板上菌落生长情况。

（2）耐高糖试验

配制葡萄糖含量分别为 400g/L、500g/L、600g/L、650g/L、700g/L、750g/L、800g/L 的 YPD 液体培养基，115℃灭菌 30min，分别移取 0.5mL 于已灭菌的标有编号的 EP 管中，无菌条件下对应接种 11 株酵母菌，28℃培养 24h，然后对应编号点种于 YPD 平板上，28℃下培养 48h，观察并记录平板上菌落生长情况。

（3）耐酸碱试验

配制 YPD 液体培养基，115℃灭菌 30min，然后用 10%HCl 和 10%NaOH 调成不同的 pH 值（0.5、1.0、1.5、2.0、12.0、12.5、13、13.5），分别移取 0.5mL 上述液体培养基于已灭菌的标有编号的 EP 管中，无菌条件下对应接种 11 株酵母菌，28℃培养 24h，然后对应编号点种于 YPD 平板上，28℃下培养 48h，观察并记录平板上菌落生长情况。

（4）耐 SO_2 试验

配制 YPD 液体培养基，115℃灭菌 30min，冷却后，加入亚硫酸使培养基中 SO_2 浓度分别为 250mg/L、300mg/L、350mg/L、400mg/L、450mg/L、500mg/L，分别移取 0.5mL 上述液体培养基于已灭菌的标有编号的 EP 管中，无菌条件下对应接种 11 株酵母菌，28℃培养 24h，然后对应编号点种于 YPD 平板上，28℃下培养 48h，观察并记录平板上菌落生长情况。

（5）耐渗透压试验

配制氯化钠含量分别为 160g/L、180g/L、200g/L、220g/L、240g/L、260g/L、280g/L、300g/L、320g/L、340g/L、360g/L 的 YPD 液体培养基，115℃灭菌 30min，分别移取 0.5mL 于已灭菌的标有编号的 EP 管中，无菌条件下对应接种 11 株酵母菌，28℃培养 24h，然后对应编号点种于 YPD 平板上，28℃下培养 48h，观察并记录平板上菌落生长情况。

3. 酵母菌发酵特性试验

（1）发酵度试验

用 11 个菌株浓度相同的菌液分别接入液体培养基中，称重后放入 28℃ 的恒温培养箱中培养，每隔 24h 振荡并称重，记录失重量，24h 失重量小于 0.2g 时，停止培养。根据试验前后培养液中糖度的变化计算其外观发酵度和实际发酵度。

实际发酵度：取发酵液，滤去酵母后，微火热蒸发至原容积的 1/3，添加水恢复至原容积后，冷却至室温，测定浓度，按式（3-1）计算实际的发酵度。

$$W_r(\%) = \frac{W - W_1}{W} \times 100 \qquad (3-1)$$

式中，W 为发酵前培养液中得到糖含量（%）；W_1 为发酵后，排除酒精后的发酵液糖浓度（%）；W_r 为实际发酵度（%）。

外观发酵度：用糖度计直接测定室温下发酵液的糖度，按式（3-2）计算外观发酵度。

$$W_a(\%) = \frac{W - W_2}{W} \times 100 \qquad (3-2)$$

式中，W_2 为发酵后培养液中的糖含量（%）；W_a 为外观发酵度（%）。

（2）凝聚性试验

本试验采用本斯值测定法。配制 3% 的麦芽液体培养基，加糖量为 8%，分别按 10% 的接种量接入培养基内，摇匀。放置于 28℃ 的空气浴振荡器中培养 5d。取培养液装于低温离心管中以 3 500r/min 离心 15min，收集酵母泥，然后用无菌水洗涤 2~3 次，再离心后取酵母泥，准确称取 1g，放入 15mL 刻度管中，然后加入 10mL 含硫酸钙、pH 值为 4.5 的醋酸缓冲液中（0.51g 水合硫酸钙，6.80g 醋酸钠，4.05g 冰醋酸），溶解后，摇匀，使其成悬浮状态，在 20℃ 水浴中静置 20min，将此悬浮液连续摇动 5min，使酵母重新悬浮，再于 20℃ 下保温 10min，观察沉于离心管锥底部的沉淀毫升数，即为本斯值。本斯值大于 2 为强凝聚性，小于 0.5 为弱凝聚性。

（3）热死温度试验

取盛有 10mL 灭菌的麦汁液体试管，每管接入已活化的菌液 1mL，每株菌做 3 个平行，并进行空白对照。把接种试管浸入水浴锅中，空白管中插入温度计，当空白试管的温度达到 48℃ 时，开始记录时间，并保持 10min，然后立即拿出，放到冷水中冷却至室温。同样的方法测定其他温度，如 52℃、

56℃、60℃、64℃。再将各组试管置（28±1）℃恒温培养箱中培养 2d，测 OD_{600} 值。

（4）最适温度试验

准备装有 100mL 麦芽液体培养基的 250mL 三角瓶，121℃灭菌 30min，然后接入 1% 的活化后菌液，分别放入等梯度的 20℃、24℃、28℃、32℃、36℃的培养箱内培养，每个培养箱内放入 2 个平行和 1 个空白对照，每天测其 CO_2 失重量，24h 失重量小于 0.2g 时，停止培养。然后测其残糖含量。

（5）最适 pH 值试验

准备装有 100mL 麦芽液体培养基的 250mL 三角瓶，将培养基 pH 值分别调到 1、2、3、4、5、6、7，115℃灭菌 30min。然后接入 1% 的活化后菌液，放入 28℃的培养箱内培养，每个培养箱内放入 2 个平行和 1 个空白对照，每天测其 CO_2 失重量，24h 失重量小于 0.2g 时，停止培养。

4. 正交试验方法

采用正交试验设计法进行发酵特性试验，以产酒精量作为主要评价指标，以感官评价作为次要评价指标。将挑选出的 2 株具有优良发酵特性的酵母菌株分别接入已灭菌的 YPD 液体培养基，进行酵母扩培。将扩培好的菌种分别加入三因素三水平的各个沙棘汁发酵培养基中，每个方案做 3 个平行。

本次正交试验选取的 3 个因素分别是加糖量（A）、酵母接种量（B）和发酵温度（C），加糖量的多少直接影响着沙棘酒的酒度和风味；加糖量不仅有促进酵母对碳水化合物的利用，同时在高糖量的环境下会对发酵起着抑制作用；酵母接种量的多少也对发酵起着直接的作用，接种量少，营养物质不能充分利用，使发酵变慢，接种量过多，会引起一个种间竞争的关系，同样无法充分利用营养物质；发酵温度的高低不仅影响酵母的生长和发酵，还直接影响着酒体。所以这 3 个因素对发酵的整个过程都起着决定性的影响。具体方案见表 3-2。

表 3-2　正交试验的因素和水平

编号	加糖量（%） （A）	酵母接种量（%） （B）	发酵温度（℃） （C）
1	10	5	16
2	15	10	18
3	20	15	20

5. 模拟发酵试验方法

（1）沙棘果酒的发酵工艺

根据正交试验所得出的最佳发酵工艺参数，设定的沙棘果酒发酵的工艺路线见图3-1。

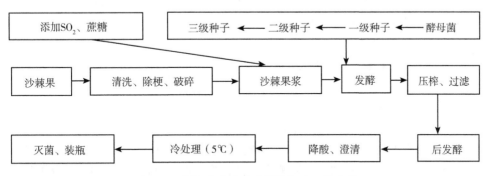

图3-1 模拟发酵试验采用的发酵工艺路线

（2）沙棘果酒的发酵醪液处理

发酵结束后，由于发酵醪液中的酸度太高，需要对其进行降酸处理。本试验使用的方法是化学试剂降酸，即加入一定量的酒石酸钾，对发酵醪液起到一定的降酸作用。

发酵结束后发酵原液的透光率较低，且酒体浑浊，需要进行澄清处理。本试验使用的方法是加澄清剂澄清法，即通过加入适量的硅藻土，对发酵醪液进行抽真空处理，达到澄清的要求。

6. 沙棘果酒的感官评定

挑选11名志愿者作为评定人员，在11个评定人员中，男女比为5∶6。评选人员通过在自愿和身体健康的基础上，结合他们识别气味的能力、基础味觉和气味差别对酒样进行挑选。在不同的房间中，每一个评估者对4个样本，在重复的基础上的甜味、酸味、涩味的排序测试以及异味的参考帮助下进行评估。评估人员被要求对样品分成4个等级，其中1表示最弱，4表示最强，然后他们对样品进行评论。评估样品是随机抽取的。

7. 沙棘果酒中各种成分的分析

（1）沙棘中还原糖、总糖的测定

还原糖测定方法参考 GB/T 5009.7—2016。

总糖测定方法参考 GB/T 5009.9—2016。

（2）总酸的测定

酸碱滴定法。

（3）维生素的测定

维生素 B_1 测定方法依据 GB/T 5009.84—2016；维生素 B_2 测定方法依据 GB/T 5009.85—2016；维生素 C 的测定方法依据 GB/T 5009.86—2016；维生素 E 测定方法依据 GB/T 5009.82—2016。

（4）黄酮的测定

方法依据 GB/T 20574—2006。

（5）酒精的测定

气相色谱法。

（6）磷、钙、铜、铁、锌的测定

火焰原子吸收法。钙测定方法依据 GB/T 5009.92—2016；铁测定方法依据 GB/T 5009.90—2016；铜测定方法依据 GB/T 5009.13—2017；锌测定方法依据 GB/T 5009.14—2017；磷测定方法依据 GB/T 5009.87—2016。

第二节　结果与讨论

一、生长曲线的测定结果

野生沙棘酵母生长曲线见图 3-2、图 3-3。

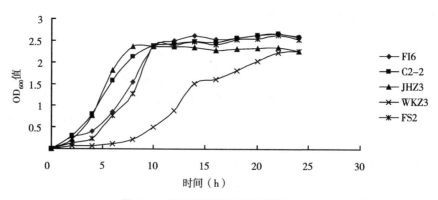

图 3-2　野生沙棘酵母生长曲线（一）

由图 3-2 可知，菌株 JHZ3 和 C2-2 的迟滞期是 0~2h，对数生长期是 2~10h，10h 以后菌体生长趋于稳定；菌株 FI6 和 FS2 的迟滞期是 0~4h，对数生长期是 4~10h，10h 以后菌体生长趋于稳定；菌株 WKZ3 的迟滞期 0~8h，对数生长期是 8~24h，24h 以后菌体生长趋于稳定。

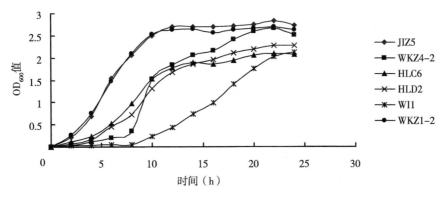

图 3-3　野生沙棘酵母生长曲线（二）

由图 3-3 可知，菌株 JIZ5 和 WKZ1-2 的迟滞期是 0~2h，对数生长期是 2~12h，12h 以后菌体生长趋于稳定；菌株 HLC6 和 HLD2 的迟滞期是 0~4h，对数生长期是 4~14h，14h 以后菌体生长趋于稳定；菌株 WKZ4-2 的迟滞期 0~8h，对数生长期是 8~16h，16h 以后菌体生长增长缓慢，24h 以后开始出现衰亡；菌株 WI1 的迟滞期是 0~8h，对数生长期是 8~24h，24h 以后菌体生长趋于稳定。

综上所述菌株 WI1、WKZ4-2、WKZ3 这 3 株菌的对数生长期出现得较晚，菌株 WKZ4-2 在对数生长期之后，菌株仍然有明显的增长，而且衰亡期出现得最早。其余的菌株都表现出良好的生长趋势。

二、酵母菌耐受性的测定结果

1. 耐酒精试验结果

由表 3-3 可以看出，菌株 JIZ5 的酒精耐受性是 14%；菌株 JHZ3 的酒精耐受性是 12%；菌株 WI1 的酒精耐受性是 8%；菌株 FS2 的酒精耐受性是 12%；菌株 HLC6 的酒精耐受性是 16%；菌株 WKZ3 的酒精耐受性是 8%；菌株 FI6 的酒精耐受性是 14%；菌株 WKZ1-2 的酒精耐受性是 18%；菌株 C2-2 的酒精耐受性是 16%；菌株 WKZ4-2 的酒精耐受性是 8%；菌株 HLD2 的酒精耐受性是 8%。比较这 11 株菌对酒精的耐受性，可以看出菌株 C2-2、WKZ1-2、HLC6 具有良好的耐酒精特性。

表 3-3　耐酒精试验

酵母菌	酒精浓度（%）						
	8	10	12	14	16	18	20
JIZ5	+++	+++	++	+	−	−	−
JHZ3	+++	+++	+	−	−	−	−
WI1	+	−	−	−	−	−	−
FS2	+++	++	+	−	−	−	−
HLC6	+++	+++	+++	++	+	−	−
WKZ3	+	−	−	−	−	−	−
FI6	+++	+++	++	++	−	−	−
WKZ1−2	+++	+++	+++	+++	++	+	−
C2−2	+++	+++	+++	+++	+	−	−
WKZ4−2	+	−	−	−	−	−	−
HLD2	+	−	−	−	−	−	−

注：+++，生长良好；++，生长一般；+，菌落少；−，不生长。

2. 耐高糖试验结果

由表 3-4 可以看出，菌株 JIZ5、JHZ3、WI1、FS2 和 HLC6 的高糖耐受性都达到了 750g/L，而其余的菌株也达到了 700g/L。所以，从沙棘果表皮筛选出的菌株都具有良好的耐高糖特性。

表 3-4　耐高糖试验

酵母菌	糖浓度（g/L）						
	400	500	600	650	700	750	800
JIZ5	+++	+++	+++	+++	+++	++	−
JHZ3	+++	+++	+++	+++	++	+	−
WI1	+++	+++	+++	+++	+++	+	−
FS2	+++	+++	+++	+++	+++	+++	−
HLC6	+++	++	++	++	++	++	
WKZ3	++	++	+	+	+	−	−
FI6	+++	+++	+++	+++	+++	−	−
WKZ1−2	+++	+++	+++	+++	+++	−	−
C2−2	+++	+++	+	+	+	−	−

（续表）

酵母菌	糖浓度（g/L）						
	400	500	600	650	700	750	800
WKZ4-2	++	++	+	+	+	－	－
HLD2	++	+	+	++	++	－	－

注：+++，生长良好；++，生长一般；+，菌落少；-，不生长。

3. 耐酸碱试验结果

从表 3-5 可以看出菌株 JIZ5、JHZ3、FS2、WKZ3、FI6、WKZ1-2、C2-2、WKZ4-2，这 8 株菌在 pH 值为 0.5 的情况下仍然能够生长，具有良好的耐酸特性；菌株 WI1、HLC6、HLD2，这 3 株菌的最低耐受 pH 值为 1.0；菌株 JIZ5、FI6 的耐碱性达到了 pH 值为 13，具有良好的耐碱特性。

表 3-5　耐酸碱试验

酵母菌	pH 值							
	0.5	1.0	1.5	2.0	12.0	12.5	13.0	13.5
JIZ5	+++	+++	+++	+++	+++	++	++	－
JHZ3	+++	+++	+++	+++	+	－	－	－
WI1	－	+++	+++	+++	+	－	－	－
FS2	+++	+++	+++	+++	－	－	－	－
HLC6	－	+++	+++	+++	－	－	－	－
WKZ3	+	+++	+++	+++	－	－	－	－
FI6	+++	+++	+++	+	+	+	+	－
WKZ1-2	+++	+++	+++	+++	+++	－	－	－
C2-2	+	+++	+++	+++	+++	+++	－	－
WKZ4-2	+++	+++	+++	+++	+++	+	－	－
HLD2	－	+++	+++	+++	－	－	－	－

注：+++，生长良好；++，生长一般；+，菌落少；-，不生长。

4. 耐 SO_2 试验结果

由表 3-6 可以看出，菌株 HLC6 的 SO_2 耐受性很低，而菌株 JIZ5、JHZ3、WI1、FS2、WKZ1-2 和 C2-2 都表现出了较高的 SO_2 耐受性，均符合对酿果酒菌株的要求。

表 3-6 耐 SO_2 试验结果

酵母菌	SO_2 浓度（mg/L）					
	250	300	350	400	450	500
JIZ5	+++	+++	+++	+++	+++	++
JHZ3	+++	+++	+++	+++	+	-
WI1	-	+++	+++	+++	+	-
FS2	+++	+++	+++	+++	-	-
HLC6	-	+++	+++	+++	-	-
WKZ3	+	+++	+++	+++	-	-
FI6	+++	+++	+++	+++	+	+
WKZ1-2	+++	+++	+++	+++	+++	-
C2-2	+	+++	+++	+++	+++	+++
WKZ4-2	+++	+++	+++	+++	+++	+
HLD2	-	+++	+++	+++	-	-

注：+++，生长良好；++，生长一般；+，菌落少；-，不生长。

5. 耐渗透压试验结果

由表 3-7 可以看出菌株 WI1、C2-2、WKZ4-2、HLD2 的耐渗透压浓度是 320g/L，菌株 JIZ5、JHZ3、FS2、HLC6、WKZ3、FI6、WKZ1-2 的耐渗透压浓度是 360g/L。均符合菌株的筛选需求。

表 3-7 耐渗透压试验

酵母菌	NaCl 浓度（g/L）										
	160	180	200	220	240	260	280	300	320	340	360
JIZ5	+++	+++	+++	++	++	++	+++	+++	+++	+++	+
JHZ3	+++	+++	+++	++	+++	+++	+++	+++	+++	++	+
WI1	+++	++	+	++	+	+++	+++	++	++	-	-
FS2	+++	++	++	++	++	+++	+++	+++	+++	+	+
HLC6	+++	++	+	++	+++	+++	+++	+++	+++	+	+
WKZ3	+++	++	++	++	+++	+++	+++	+++	+++	+	+
FI6	+++	++	++	++	+++	+++	+++	+++	+++	+	+
WKZ1-2	+++	+++	++	+++	+++	+++	+++	+++	+++	+	+
C2-2	+++	++	+	++	+++	++	++	++	+	-	-
WKZ4-2	++	+	++	+	+++	+++	+++	++	++	-	-

（续表）

酵母菌	NaCl 浓度（g/L）										
	160	180	200	220	240	260	280	300	320	340	360
HLD2	++	++	++	++	++	+++	+++	+++	+++	–	–

注：+++，生长良好；++，生长一般；+，菌落少；－，不生长。

三、酵母菌发酵特性试验

1. 发酵度试验结果

由图 3-4 可知，菌株 C2-2、WKZ1-2、HLD2、JHZ3、WKZ3 和 JIZ5 这 5 株菌的实际发酵度都达到或接近了 50%，其发酵力较强，而菌株 WKZ4-2 的实际发酵度只有 23.68%，其发酵力较弱，不适合用作酿酒酵母；其余的菌株发酵力一般。

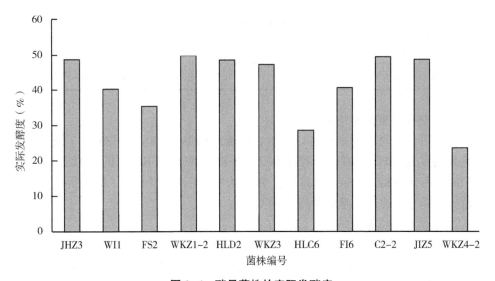

图 3-4　酵母菌株的实际发酵度

由图 3-5 可以看出菌株 C2-2、WKZ1-2、FS2 和 WI1 的表观发酵度较高，都在 40% 左右，而其余的菌株表观发酵度都徘徊在 20% 左右，发酵力较低。

2. 凝聚性试验结果

本斯值凝聚法中，本斯值大于 2 为强凝聚性，小于 0.5 为弱凝聚性。通过表 3-8 可以看出，除了菌株 WI1 具有较强的凝聚性外，其余的菌株的凝聚性都表现一般，其中菌株 WKZ3 的本斯值低于 0.5，表现出弱凝聚性。

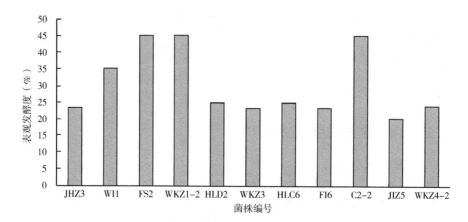

图 3-5　酵母菌株的表观发酵度

表 3-8　凝聚性试验

菌株编号	JIZ5	JHZ3	WI1	FS2	HLC6	WKZ3	FI6	WKZ1-2	C2-2	WKZ4-2	HL2
本斯值	0.6	0.7	2.0	1.0	1.1	0.4	1.3	1.2	0.8	0.9	0.9

3. 热死温度试验结果

在图 3-6 至图 3-8 中可以看出，菌株 WKZ1-2、FS2、JIZ5 这 3 株菌的热死温度是 60℃ 左右；菌株 C2-2、JHZ3、WI1 和 HLC6 的热死温度是 52℃；菌株 WKZ3、FI6、WKZ4-2 和 HLD2 的热死温度超过了试验所设定的范围，即它们的热死温度都高于 64℃。

4. 最适温度试验结果

由图 3-9 至图 3-11 可以看出菌株 WKZ1-2、C2-2 这 2 株菌在低于 22℃ 的时候 OD 值最高，表现出良好的生长特性，菌株 WKZ3 在 25℃ 下生长最好，最适温度是 25℃；菌株 FS2 在每个温度梯度下生长都一般，但在 28℃ 下的 OD 值略高于其他温度梯度，最适温度是 28℃；其余的菌株在 22℃ 下生长最好，最适温度是 22℃。

5. 最适 pH 值试验结果

从图 3-12 可以看出这 4 株菌通过 pH 值的升高，它的 CO_2 失重量越来越大，不符合试验要求；图 3-13 中这 4 株菌在 pH 值为 3 的时候，CO_2 失重量最大，表现出良好的耐酸性，它们的最适 pH 值为 3 左右；图 3-14 中，这 3 株菌在 pH 值为 5 的时候，CO_2 失重量最大，它们的最适 pH 值为 5 左右。

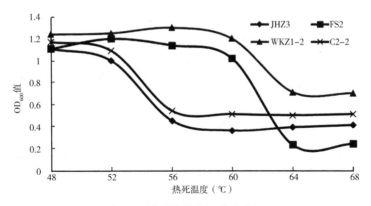

图 3-6 酵母菌株热死温度曲线（一）

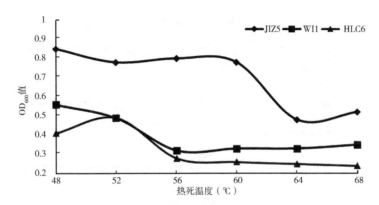

图 3-7 酵母菌株热死温度曲线（二）

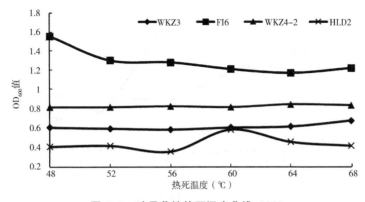

图 3-8 酵母菌株热死温度曲线（三）

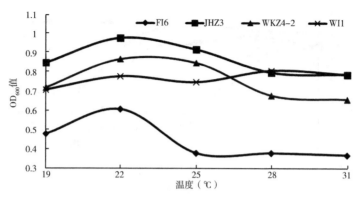

图 3-9　酵母菌株最适温度曲线（一）

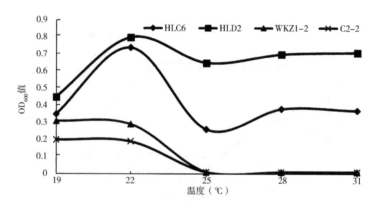

图 3-10　酵母菌株最适温度曲线（二）

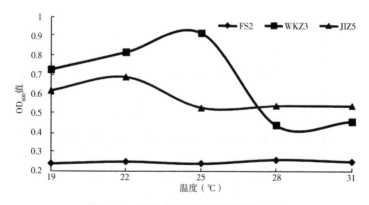

图 3-11　酵母菌株最适温度曲线（三）

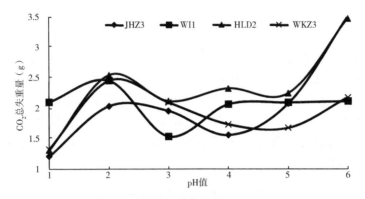

图 3-12 酵母菌株最适 pH 值曲线（一）

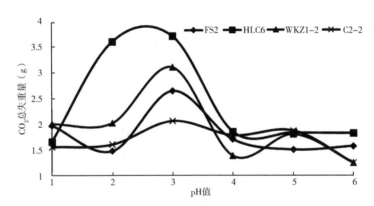

图 3-13 酵母菌株最适 pH 值曲线（二）

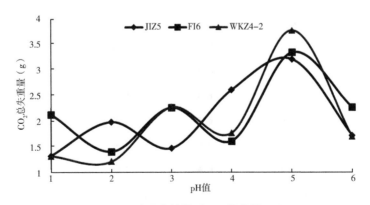

图 3-14 酵母菌株最适 pH 值曲线（三）

四、正交试验结果

根据上述发酵特性，挑选出两株优良的菌株（C2-2、WKZ1-2）进行正交试验，结果见表3-9和表3-10。

菌株C2-2的正交试验，对3个因素的极差进行比较，极差 R 的重要次序为加糖量（A）>发酵温度（C）>酵母接种量（B）；最优工艺方案为A3-B3-C3。因此选择酿酒的发酵条件为加糖量20%、酵母接种量15%、发酵温度为20℃。

表3-9　菌株C2-2正交试验设计及分析

编号	A	B	C	酒精产量（%）
1	1	1	1	6.6
2	1	2	2	3.5
3	1	3	3	2.8
4	2	1	2	0.9
5	2	2	3	10.8
6	2	3	1	6.1
7	3	1	3	11.8
8	3	2	1	5.1
9	3	3	2	12.0
K1	12.9	19.3	17.8	—
K2	17.8	19.4	16.4	—
K3	28.9	20.9	25.4	—
k1	4.3	6.4	5.9	—
k2	5.9	6.5	5.5	—
k3	9.6	7.0	8.5	—
R	5.3	0.6	2.6	—
最优方案	A3	B3	C3	12.0

菌株WKZ1-2的正交试验，对3个因素的极差进行比较，极差 R 的重

要次序为加糖量>酵母接种量>发酵温度；最优工艺方案为 A2-B2-C3。因此选择酿酒的发酵条件为加糖量 15%、酵母接种量 10%、发酵温度为 20℃。

表 3-10　菌株 WKZ1-2 正交试验设计及分析

编号	A	B	C	酒精产量（%）
1	1	1	1	1.4
2	1	2	2	3.5
3	1	3	3	1.8
4	2	1	2	4.2
5	2	2	3	6.2
6	2	3	1	5.9
7	3	1	3	5.4
8	3	2	1	5.5
9	3	3	2	2.8
K1	6.7	11.0	12.8	—
K2	16.3	15.2	10.5	—
K3	13.7	10.5	13.4	—
k1	2.2	3.7	4.3	—
k2	5.4	5.1	3.5	—
k3	4.6	3.5	4.5	—
R	3.2	1.6	1.0	—
最优方案	A2	B2	C3	6.2

以上 2 株菌的正交试验结果说明，虽然它们都来自沙棘果，但是它们的产酒精能力不尽相同，对糖的耐受性和最适温度也不相同。

五、模拟发酵试验结果

沙棘汁按 1∶1 的比例酿酒，以市面上供应的安琪酵母为对照菌株，进行发酵，其主要成分的测定结果见表 3-11。

表 3-11　沙棘果酒中主要成分测定结果

菌株	总糖（g/L）	还原糖（g/L）	总酸（g/L）	酒精度（%）
C2-2	2.12	1.50	10.82	12.94
WKZ1-2	1.78	1.44	11.53	10.75
对照	1.74	1.71	12.46	8.22

菌株 C2-2 和菌株 WKZ1-2 的总糖含量均高于对照菌株所酿造的果酒的总糖含量，而还原糖含量也都小于对照菌株，说明了试验菌株在利用葡萄糖的利用率上均超过了对照菌株；而总酸含量的测定中，对照菌株的总酸含量偏大，影响了沙棘果酒的口感，而在感官评定中，评定人员也有所反映，对照菌株所酿造的果酒酸度较大，不宜入口；在酒精度的测量中，两种试验菌株的酒精度均在 10%~13%，属于半干型果酒，而对照菌株的酒精度只有8.22%，无法达到半干型果酒的要求，且所酿造的果酒中酒精味不明显。综上可以看出在酿造果酒中，试验菌株在各方面均超过了对照菌株。可以作为酿造沙棘果酒的优良菌株。

六、感官评定结果

通过评定人员的感官评定，总结得出，由安琪酵母作为对照菌株所酿造的沙棘果酒与其他 2 株菌株酿造的沙棘果酒相比，沙棘果香不明显，略苦，较酸涩，酒体不完整，口感较差。而由挑选出的 2 株菌所酿造的沙棘果酒，具有明显的沙棘果香和酒香味，酒体完整，酸涩适中。

七、微生物的测定结果

这 3 株菌所酿造的沙棘果酒中的菌落数总数均小于 10 个/mL，大肠菌群均小于 3 个/mL，致病菌均未检出。符合发酵酒卫生标准中果酒的规定（菌落总数小于或等于 50 个，大肠杆菌总数 ≤3 个，肠道致病菌均不得检出）。

八、沙棘酒中营养成分的分析

沙棘果酒中含有 200 多种生物活性物质，具有天然的营养保健功效，从而引起人们的高度关注。对沙棘果酿造出来的酒进行营养成分测定是必要的。其中维生素 B_1、维生素 B_2、维生素 C、维生素 E、黄酮、钙、铜、铁、锌、磷等成分的测定结果见表 3-12。

表 3-12　沙棘果酒中的营养成分分析

营养成分	菌株 C2-2	菌株 WKZ1-2	对照菌株
铁（mg/L）	4.52	4.38	3.21
钙（mg/L）	46.75	38.43	35.62
锌（mg/L）	1.30	1.19	0.56
铜（mg/L）	0.092	0.038	0.012
磷（mg/L）	42.04	40.36	25.41
维生素 E（μg/100mL）	0.43	0.38	0.21
维生素 B_1（μg/100mL）	0	0	0
维生素 B_2（μg/100mL）	0.22	0.27	0.31
维生素 C（μg/100mL）	115.85	181.40	161.59
黄酮（mg/100mL）	0.242	0.193	0.197

在酿造沙棘果酒的过程中维生素 B_1 和维生素 E 几乎损失殆尽，而维生素 C 的含量损失很少，这也与吉林农业大学都凤华教授所报道的沙棘汁中维生素 C 具有稳定性相符合。而黄酮类物质具有显著的增加心脑血管系统功能的作用，有明显的抗心肌缺血作用及抗心律失常作用，对防止冠心病及动脉粥样硬化具有较大的意义。本试验中试验菌株所酿造的沙棘果酒的黄酮含量较高，在酿造过程中几乎没有什么损耗，且菌株 C2-2 的黄酮含量远高于对照菌株所酿造的沙棘果酒，这对提高沙棘果酒的营养保健作用极其重要。在测定的其他金属元素含量中发现，这两株试验菌株的金属元素含量均高于对照菌株中的含量，且都在国标范围之内。

第三节　结论

一、11 株野生沙棘酵母的发酵特性分析

通过对这 11 株野生沙棘酵母的发酵特性分析来看，均筛选于沙棘果表皮的酵母菌株，它们的发酵特性不尽相同，在沙棘果的生长中，有些菌株起到了主要的作用，有些菌株起到了次要的作用。从菌株生长曲线图中可以看出大部分菌株进入稳定期一般在 10~24h，所以后面大部分试验的

测定一般在24h以后进行测定，此期间菌落达到最大，总菌落数和活菌数相差不多。

酿酒酵母对高浓度的酒精和高浓度德尔渗透压的耐受性是发酵工业中特别是酒精生产上特别重要的指标。强耐受性可以显著降低后期酒精蒸馏操作的能耗，进一步提高经济效益和生产效率。从本试验数据可以看出，这11株野生沙棘酵母菌中有多株酒精耐受性都超过了10%，甚至还有2株菌分别达到了16%和18%，同等条件超过了许多其他酿酒酵母。而且耐渗透特性同比也超过了其他酿酒酵母菌株。从耐酸特性来看，有些菌株达到了耐受超低pH值为0.5，一般酵母菌能在pH值为3~7.5的环境下生长，最适环境pH值为4.5~5.0，但从本试验来看，野生沙棘酵母菌株的生长pH值范围远远超过了一般酵母菌株，且最适环境pH值也低于4.5，这对于耐酸性酵母的开发利用提供了良好的依据。

从整体来看，它们在极端环境下的耐受性，均超过一般的酵母，这可能与沙棘生长在北方的环境有关。北方环境干燥、寒冷，早晚温差较大，造就了沙棘果表皮上酵母菌对极端环境良好的耐受性。由于沙棘果浆本身就是具有酸味，所以这11株酵母菌株的最适pH值较低，大部分围绕在3左右，这也形成了颇具特色的野生沙棘酵母。通过对这11株野生沙棘酵母的研究，挑选出发酵力强，对极端环境耐受性好的菌株进行沙棘果酒的酿造，生产出具有特色且美味的沙棘果酒。

二、关于优良菌株的选择

从沙棘果表皮中筛选出50多株菌株，经纯化、鉴定，得到了11株不同种属的酵母菌株。通过对它们进行发酵特性分析，剔除特性不好的菌株，挑选出特性好的菌株，来进行沙棘果酒的发酵。

本试验主要从两个大的方面分析了这筛选出的11株野生沙棘酵母菌株，第一个方面就是酵母菌株的耐受性；第二个方面就是一些常规的发酵特性，包括发酵度、凝聚性、最适温度等指标。根据这些指标挑选出了2株各方面均表现良好的酵母菌株，进行后续沙棘果酒的酿造。

酿酒酵母在工业发酵过程当中不可避免地要受到胁迫条件的影响，而对这些胁迫环境的耐受性又直接关系到工艺和设备的确定。研究结果表明，菌株C2-2和菌株WKZ1-2的极端环境耐受性均比较高，它们的酒精耐受性分别是16%和18%，这就意味着它们能够生产出更高酒精度的果酒；它们对渗透压的耐受性分别达到了320g/L和360g/L，这就意味着发酵初期对于葡萄糖的添加量可以达到更高，从而影响酵母的生长和菌株的发酵；这2株菌的pH值耐受性都达到了1以下，说明了由于沙棘浆果的高酸度，使在沙棘果表皮上生长的酵母菌株更容易在低pH值的环境下生长。

从另一方面来讲，菌株C2-2和菌株WKZ1-2的发酵度都达到或接近50%，这就意味着这2株菌能够更好地利用沙棘果产生酒精，从而进行酿酒；这2株菌的最适pH值都在3左右，这就意味着这2株菌在具有酸性环境的沙棘汁中能够更加快速的繁殖生长。还有其他一些特性，包括最适温度、热死温度和凝聚性等一些发酵特性来讲，它们均都表现出了优良于其他一般的酵母菌株。通过上述种种条件的综合，试验者认为在这11株野生沙棘酵母中，这2株菌更加适合用于沙棘果酒的酿造。

三、模拟发酵的试验结果分析

在利用挑选出的这两株酵母菌株进行模拟发酵之前，对这2株菌株进行了正交试验分析，来确定一些在发酵工艺过程中重要的参数。而通过正交试验分析得出的数据中，表明菌株C2-2预期的产酒精可以达到12.0%，菌株WKZ1-2预期的产酒精可以达到6.2%。在利用这2株菌和以安琪酵母作为对照菌进行模拟发酵结束后测得，菌株C2-2的酒精度达到了12.94%，菌株WKZ1-2的酒精度超过了预期目标，达到了10.75%，而作为对照的安琪酵母菌株的酒精度只有8.22%，达不到作为半干型果酒所要求的10%~13%的酒精度。

在发酵结束后对这3株菌所酿造的沙棘果酒的一些指标进行了测定。其中包括总糖、还原糖、总酸、酒精度等。在直接影响到口感的指标总酸的测定中发现，对照菌株所酿造的沙棘果酒的总酸达到了12.46g/L，而在后面所进行的感官评定中，也直观地发现，品评人员对3种不同菌株酿造的果酒进行感官评定，发现对照菌株所酿造出来的果酒，酸味掩盖了果酒的酒味，相比于WKZ1-2和C2-2两菌株所酿造的果酒，口感最差。从对残糖剩余的角度可以看出，对照菌株所酿造的果酒中残糖含量较多，所以从整体来看，所筛选的WKZ1-2和C2-2菌株可以作为优良菌株进行沙棘果酒发酵。

随着人们生活水平的提高，人们在饮食消费方面更加注重那些天然、绿色、营养、保健等功能的食品。而沙棘中含有高达200多种的生物活性物质，必然会引起人们的注意。通过对沙棘果酒中的维生素 B_1、维生素 B_2、维生素 C、维生素 E 和黄酮等成分的测定以及一些金属元素的测定，通过比较发现，在酿造沙棘果酒的过程中维生素 B_1 和维生素 E 几乎损失殆尽，而维生素 C 的含量损失很少，这与沙棘汁中维生素 C 的稳定性有关。从黄酮含量的测定中发现，对照菌株中产生的黄酮含量少于菌株 C2-2 中的含量，和菌株 WKZ1-2 中的相差不多，由于黄酮类物质具有显著的增加心脑血管系统功能的作用，有明显的抗心肌缺血作用及抗心律失常作用，对防止冠心病及动脉粥样硬化具有较大的意义，所以试验者尽量选择能够产生较多含量黄酮的菌株。

综上所述，通过对这 3 株酵母菌株发酵沙棘汁进行一个全面的指标测试比较之后，能够得出，从沙棘果表皮筛选出来的这两株发酵特性优良的酵母菌株，更适合于沙棘果酒的酿造，无论在酒体的完整性上还是从营养价值方面考虑，都高于安琪酵母菌株。

第四章　野生沙棘果酒的研制

　　果酒是利用新鲜水果为原料，在保存水果原有营养成分的情况下，利用自然发酵或人工添加酵母菌来分解糖分而酿造出的具有保健、营养功能的酒。果酒以其独特的风味及色泽，成为新的消费时尚。

　　果酒清亮透明、酸甜适口、醇厚纯净而无异味，具有原果实特有的芳香，夏季常喝的果酒有樱桃酒、荔枝酒、李子酒、水蜜桃酒、葡萄酒、芒果酒、龙眼酒、火龙果酒等。与白酒、啤酒等其他酒类相比，果酒的营养价值更高，果酒里含有大量的多酚，可以起到抑制脂肪在人体中堆积的作用，它含有人体所需多种氨基酸和维生素 B_1、维生素 B_2、维生素 C 及铁、钾、镁、锌等矿物元素，果酒中虽然含有酒精，但含量与白酒比起来非常低，一般为 5%~10%，最高的也只有 14%，适当饮用果酒对健康是有好处的。

　　以苹果酒为例，它是精选优质苹果为原料发酵酿造而成，保存了苹果的营养和保健功效，含有多种维生素、微量元素以及人体必需的氨基酸和有机酸，常饮苹果酒有促进消化、舒筋活血、美容健体的功效，颇受女士欢迎。

　　果酒中发展得最为成熟的当属葡萄酒，亦是世界上最古老的具有保健功能的含酒精饮料之一，具有增进食欲、滋补、助消化及减肥等功效，葡萄酒已与白酒、啤酒成三足鼎立之势。

　　在当今社会，人们对保健食品的追求日益增加，果酒正好满足了这一方面的需求，因此，发展果酒具有较好的市场前景

　　尽管沙棘的开发利用研究已经取得了一些成就，但是，仍然是一个内容丰富、范围广阔的新世纪课题。由于资源和技术的限制，在国际上包括俄罗斯在内，沙棘的大规模开发还很有限。目前，沙棘的发展主要集中在医药、保健、食品等方面，沙棘饮料和果酒的工业化发展还严重滞后，造成大量沙棘汁的浪费。同时，沙棘多分布于我国地广人稀的"三北"地区，基本未

遭受污染，是纯天然的绿色食品，且沙棘中含有丰富的有机酸、维生素、氨基酸等，具有较高的营养价值和药用价值，可以发展为一种营养丰富的滋补营养型酒，既符合现代人返璞归真、养生保健的需要，又可以满足人们从温饱食品向无污染、安全、营养型食品转变的追求。因此，发展沙棘果酒具有十分广阔的市场前景。

第一节　材料与方法

一、材料

1. 沙棘果

采自内蒙古自治区呼和浩特市和林格尔县境内。

2. 菌种来源

第三章研究筛选并鉴定的菌株 C2-2（*Pichia anomala* 毕赤酵母属异常毕赤酵母）；从上述野生沙棘果中分离筛选。

3. 主要培养基

麦汁液体培养基（麦芽浸粉 3%，灭菌后调 pH 值为 2.5 左右）、麦汁固体培养基（麦芽浸粉 3%，琼脂 2%，灭菌后调 pH 值为 2.5 左右）、沙棘汁液体培养液［沙棘果破碎（不伤核），按 1∶1 的量加入蒸馏水，混匀、过滤所得的沙棘汁液］、发酵用沙棘液［将沙棘果破碎（不伤核，带果皮），按 1∶1 的量加入蒸馏水］。

4. 主要药品及试剂

优级白砂糖、盐酸、0.1%亚甲蓝、焦硫酸钾、邻苯二甲酸氢钾、无水乙醇、铜试剂、砷钼酸试剂、氢氧化钠、酚酞指示剂。

①硅藻土溶液的配制：将硅藻土溶解于 60℃ 热水中，配制成 4% 的硅藻土溶液（硅藻土使用范围 70~120g/100L），放置 24h 使用。

②壳聚糖溶液的配制：先将壳聚糖溶解于 2% 醋酸溶液，配制成 2% 的壳聚糖醋酸溶液（壳聚糖使用范围 40~65g/100L），现用现配。

5. 所需主要器材及设备

气相色谱仪、紫外-可见分光光度计、荧光分光光度计、酸度计、真空泵、过滤设备。

二、方法

（一）沙棘酵母的分离筛选

1. 沙棘果的采集

从野生沙棘林中，随机选取沙棘果树，随机采取沙棘果。采样器具及纸袋均经过 121℃ 湿热灭菌或 75% 酒精处理。

2. 野生酵母菌的分离筛选

（1）沙棘的处理方法

采回需要分离酵母的沙棘，处理方法为取下沙棘果，直接放入 100mL 三角瓶（已灭菌）中，破碎后加入等体积的蔗糖水（8%），放置于 25℃ 培养箱培养。

（2）分菌时间

观察发酵液中是否起泡，在起泡量大时（6~7d），进行分菌。培养过程中如发现发酵液液面有霉菌菌膜出现，随时挑出，以免影响酵母生长。

（3）分菌方法

取一定量沙棘汁发酵液，涂布在麦芽汁固体培养基上（无菌条件下操作），25℃ 进行培养，待长出菌落后，依据酵母菌的菌落特征及显微镜观察结果，挑出疑似酵母菌，进行划线培养并编号，纯化 3~5 次，直到在显微镜下只能观察到单一的菌体，则在固体培养基上找出较好的单菌落接入斜面试管中划线培养（注意培养基的 pH 值，调至 2.5 左右），待长出菌落后放入 4℃ 冰箱保藏，以进行下一步试验。

（二）沙棘酵母发酵性能的测定

本试验利用所选定的沙棘酵母菌株（C4-2、C2-2、S2-1、FB1、FB2、FS3），进行其发酵力、凝聚值、耐酒精度及耐 SO_2 能力试验，根据各项试验的综合结果，筛选出适合沙棘汁发酵的优良酵母菌株。

1. 发酵力试验

发酵力是酵母最主要的性能，反映了酵母菌对糖类的利用状况。一般包括 CO_2 失重的测定、发酵度的测定和酒精度的测定。本试验通过测定发酵过程中 CO_2 失重来进行研究，即在一定温度下，以一定接种量的酵母作用一定体积和浓度的麦芽汁，测定规定时间内产生 CO_2 的重量，用以衡量发酵力强弱。

本试验采用麦芽汁液体失重法测定发酵度。具体操作：活化所选定酵母菌株，待其达到相同的菌体浓度（一般 24h），每株酵母菌按 10% 的接种量接入 40mL 麦汁液体培养基（灭菌）中，将培养基放置在 25℃ 培养箱中静置培养，每株菌做 2 个平行，结果取其平均值。记录接种时间为 11 时，每天 11 时测量每个培养基的重量，并与前一天的重量做差值，培养 12d，仔细记录。绘制总失重曲线图，并测定发酵结束后醪液中酒精含量，以总失重量和发酵液酒精含量为评价指标，选择发酵力最好的酵母菌株。

2. 凝聚性试验

酵母的凝聚性是其生理特征之一，酵母凝聚性的强弱，主要受遗传特性和外界条件的影响，凝聚性不同，酵母的沉降速度就不一样，酵母的凝聚性能对于酿造过程十分重要，强凝聚性酵母不仅有利于生产工艺的优化，而且可以改善果酒的风味、提高酵母的重复利用率和酒体的澄清度。因此，凝聚性的高低是筛选优良酵母的一项重要指标。

本试验采用本斯值测定法。具体方法为配制 3% 的麦汁液体培养基 600mL，加糖量为 8%，调 pH 值为 2.0。分装入 6 个三角瓶内，灭菌。6 株菌按 10% 的接种量分别接入培养基内，摇匀，放置于 25℃ 的培养箱振荡培养 5d。取培养液装于离心管中以 3 500r/min，离心 15min，收集酵母细胞，然后用硫酸钙（0.51%）洗涤 2~3 次，取酵母泥，准确称取 1g，放入到 15mL 刻度离心管中，然后加入 10mL 含硫酸钙、pH 值为 4.5 的醋酸缓冲液（0.51g 水合硫酸钙+6.80g 醋酸钠+4.05g 冰醋酸，溶解后，定容 1.00L）摇匀，使其成悬浮状态，在 20℃ 水浴中静置 20min，将此悬浮液连续摇动 5min，使酵母重新悬浮，再于 20℃ 下保温 10min，观察沉于离心管锥底部的沉淀毫升数，即为本斯值。本斯值大于 2mL 为强凝聚性，小于 0.5mL 为弱凝聚性。

3. 耐酒精能力试验

酵母菌在糖液中培养，会受到其发酵过程中产生的酒精的抑制。对酒精耐受性差的酵母菌，在其发酵过程中，伴随着酒精产量的增加，自身的生长及增殖都会受到极大的影响，导致发酵中期酵母菌大量失活乃至死亡。降低了酒精的产量，从而对生产造成不利的影响。所以，应筛选出对酒精耐受性较好的酵母菌株。

具体方法为取 36 个 20mL 的试管，每管装入 9mL 的麦汁液体培养基，灭菌。用无水乙醇调麦汁液体培养基的酒精浓度为 0、4%、8%、12%、16%、20%，每株菌按 2% 的接种量接于上述浓度的培养基中 28℃ 恒温培养 1 周，1 周后取样用显微镜观察，以观察到的菌体密度为评价指标。每株菌做 2 个平行。

4. 耐 SO_2 能力试验

在发酵过程中添加 SO_2，可以起到杀菌、澄清、抗氧、增加浸出物的含量和酒的色度及增酸作用。由于不同的酵母菌对于 SO_2 的敏感度不同，在生产中，期望能找到对 SO_2 耐受性较强的酵母菌株。

具体操作如下。用焦硫酸钾调麦汁液体培养基中 SO_2 的浓度为 80mg/L、140mg/L，将 6 株酵母菌分别按 2% 的接种量接入 40mL 上述浓度的培养基中，摇匀。放置于 25℃ 的空气浴振荡培养箱中培养 5d。待培养结束后，取样测其酒精浓度，以酒精度的高低为评价指标。每株菌做 2 个平行。

（三）菌株 C2-2 最佳发酵工艺参数的优化

以上试验得到的最佳酵母菌株为 C2-2，研究其在酵母接种量、发酵温度、SO_2 添加量及果胶酶加入量 4 个方面的单因素试验，根据单因素试验结果，进而设计正交试验方案，从而找出菌株 C2-2 最适发酵沙棘汁的最佳工艺参数。

1. 发酵工艺条件参数的单因素试验

（1）酵母接种量

取 40mL 的沙棘汁液体培养基（加 9% 的蔗糖）于 100mL 三角瓶中。接种量选取为 1%、2%、5%、8%、10%、12% 6 个水平，每个试验做 2 个平行，放置于 25℃ 恒温培养箱中培养。发酵结束后，测定发酵醪液中酒精浓度。

（2）发酵温度

取 40mL 的沙棘汁液体培养基（加 9% 的蔗糖）于 100mL 三角瓶中，分别接入驯化的酵母菌液 9%，于温度 15℃、20℃、25℃、30℃、35℃ 条件下发酵，每个试验做 2 个平行。发酵结束后，测定发酵醪液中酒精浓度。

（3）SO_2 添加量

取 40mL 的沙棘汁液体培养基（加 9% 的蔗糖）于 100mL 三角瓶中，在沙棘汁中分别添加焦硫酸钾量为 0、40mg/L、60mg/L、80mg/L、100mg/L、120mg/L、140mg/L，然后接入 9% 驯化酵母菌液，在 25℃ 下进行发酵。发酵结束后，测定发酵液中酒精度。

（4）果胶酶加入量

取沙棘汁培养基 80mL，果胶酶加入量梯度设为 0.02g/L、0.04g/L、0.08g/L、0.16g/L、0.32g/L、0.64g/L、1.28g/L、2.56g/L，编号为 1～8 号。直接加入到沙棘培养液（带沙棘皮）中，接入 9% 酵母菌活化液，在 25℃ 下进行发酵，发酵结束过滤后在 700nm 下测透光率，以透光率的大小和发酵液的感官品尝为评价指标。

2. 发酵工艺条件参数的正交试验

在以上单因素试验的基础上，设计正交试验方案。取沙棘培养基 50mL，加糖量为 5%，对发酵温度（A）、果胶酶加入量（B）、酵母接种量（C）、SO_2 添加量（D）进行综合研究，选用 $L_9(3^4)$ 正交表进行四因素三水平正交试验，发酵结束后以酒精度和透光率为评价指标。所选取的因素和水平见表4-1。

表4-1　发酵条件正交试验的因素和水平

编号	发酵温度（℃）(A)	果胶酶加入量（mg/L）(B)	酵母接种量（%）(C)	SO_2 添加量（mg/L）(D)
1	22	120	9	40
2	25	160	12	60
3	28	200	15	80

3. 发酵工艺路线的设定

根据以上试验结果所选的最佳发酵工艺参数，设定菌株 C2-2 发酵的工艺路线见图4-1。

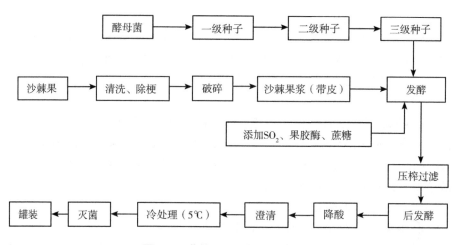

图4-1　菌株 C2-2 发酵工艺路线

（四）沙棘发酵醪液的后处理

1. 沙棘发酵醪液的降酸处理

发酵结束后，通过测定，发酵醪液中总酸为 11.963g/L，酸度太高，需要对其进行降酸处理。

目前降酸的方法主要有化学试剂降酸、微生物降酸及自然降酸等。化学试剂降酸是在发酵液中加入碳酸钙、碳酸钾、酒石酸钾等降酸剂来进行降酸；微生物降酸是在发酵结束后在发酵液中加入能够进行苹果酸–乳酸发酵（*Malolactic fermentation*，MLF）的乳酸菌和能够进行苹果酸–酒精发酵（*Malo-alcoholic fermentation*，MAF）的裂殖酵母来进行降酸；自然降酸的过程主要有两部分。一是在发酵过程中发生的，主要是因为在发酵过程中生成了酒石酸钾的作用，降低了酒石酸的含量，酒石酸钾会随着酒精度的上升而逐步析出溶解度降低。二是在窖藏过程中，酒石酸会随着温度的降低结晶析出，等到转罐时分离，从而使发酵醪液酸度降低。

本试验采用化学试剂降酸法，所用的降酸剂有碳酸钙（$CaCO_3$）、碳酸钾（K_2CO_3）、酒石酸钾（$C_4H_4O_6K_2$）、碳酸氢钠（$NaHCO_3$）、碳酸钠（Na_2CO_3）。

（1）不同降酸剂对沙棘汁发酵醪液的影响

在理论上，$CaCO_3$ 加入量为 1g/L 可以降低发酵液中 1.5g/L 的酸；K_2CO_3 加入量为 0.62g/L 可以降低发酵液中 1g/L 的酸；$C_4H_4O_6K_2$ 加入量为 1.507g/L 可以降低发酵液中 1g/L 的酸；$NaHCO_3$ 加入量为 0.87g/L 可以降低发酵液中 1g/L 的酸；Na_2CO_3 加入量为 1g /L 可以降低发酵液中 1.42g/L 的酸。所加降酸剂的量见表 4-2。

表 4-2　不同降酸剂的加入量

降酸剂加入量	欲达到降酸目标（g/L）					
	4	5	6	7	8	9
$CaCO_3$ 加入量（g/10mL）	0.060 21	0.053 54	0.046 89	0.040 21	0.033 54	0.026 87
K_2CO_3 加入量（g/10mL）	0.055 99	0.049 79	0.043 59	0.037 39	0.031 19	0.024 99
$NaHCO_3$ 加入量（g/10mL）	0.078 57	0.069 87	0.061 17	0.052 47	0.043 77	0.035 70
$C_4H_4O_6K_2$ 加入量（g/10mL）	0.136 1	0.121 03	0.105 96	0.090 89	0.075 82	0.060 75
Na_2CO_3 加入量（g/10mL）	0.063 60	0.056 56	0.049 51	0.050 31	0.035 43	0.028 39

具体方法如下。取发酵醪液 10mL，设定预达到的降酸要求为 4g/L、

5g/L、6g/L、7g/L、8g/L、9g/L，分别加入不同量的不同降酸剂，测定降酸后醪液的 pH 值和酸度，根据感官评价确定出最优的降酸剂和降酸范围。并根据降酸后所测的酸度值计算出一定量的降酸剂实际可以降低沙棘汁中酸的含量。

（2）所选降酸剂处理温度和时间对沙棘汁发酵醪液的影响

通过测定所选取的沙棘汁发酵醪液的总酸为 14.282g/L，所选择的降酸剂为 $C_4H_4O_6K_2$、Na_2CO_3、K_2CO_3。

①降酸剂处理温度对沙棘发酵醪液的影响：设定处理温度为 20℃、25℃、30℃、35℃。取发酵醪液体积为 10mL，设定欲达到的降酸要求为 7g/L，根据所加降酸剂实际可以降低沙棘发酵醪液中酸的对应关系，计算出降酸剂 $C_4H_4O_6K_2$ 加入量为 10.974g/L，Na_2CO_3 加入量为 5.128g/L，K_2CO_3 加入量为 4.515g/L，全部处理 20min，根据感官品尝及测定酸度结果，确定最佳处理温度。

②降酸剂处理时间对沙棘发酵醪液的影响：设定处理时间梯度为 0.5h、1h、1.5h、2h、3h。所选取的处理温度为 25℃，发酵醪液体积为 10mL，欲达到的降酸要求为 7g/L，根据所加降酸剂实际可以降低沙棘发酵醪液中酸的对应关系，计算出降酸剂 $C_4H_4O_6K_2$ 加入量 10.97g/L，Na_2CO_3 加入量为 5.128g/L，K_2CO_3 加入量为 4.515g/L，根据感官品尝及测定酸度结果，确定最佳处理时间。

（3）复盐法降酸

因为 $C_4H_4O_6K_2$ 对沙棘发酵液的口感影响最小，K_2CO_3 和 Na_2CO_3 对沙棘发酵醪液的口感影响相对较大。并且，对降酸效果而言，$C_4H_4O_6K_2$ 也不如 K_2CO_3 和 Na_2CO_3 明显，因此本试验决定对沙棘发酵醪液采用复盐法进行降酸，采用的复盐法降酸方案为 $C_4H_4O_6K_2$ 和 Na_2CO_3、$C_4H_4O_6K_2$ 和 K_2CO_3。

具体方法为所选的沙棘发酵醪液经测定总酸为 11.93g/L。取沙棘发酵醪液 10mL，根据所选的降酸剂及所加降酸剂量和实际所能降的酸之间的比例关系，设定复盐法降酸的配比。$C_4H_4O_6K_2$：Na_2CO_3 分别为 1∶9、3∶7、5∶5、7∶3、9∶1，$C_4H_4O_6K_2$：K_2CO_3 分别为 1∶9、3∶7、5∶5、7∶3、9∶1，欲达到的降酸要求为 4g/L、5g/L、6g/L、7g/L、8g/L，处理温度为 25℃，所加降酸剂量见表 4-3、表 4-4。处理 3h 后，通过感官评价和酸的测定结果确定降酸方案。

表4-3　复盐法降酸方案为 $C_4H_4O_6K_2$ 和 Na_2CO_3

降酸剂配比		欲达到降酸目标（g/L）				
		4	5	6	7	8
不同配比下需加降酸剂量（g/10mL）	1 : 9	0.021 6 : 0.046 3	0.018 9 : 0.040 5	0.016 1 : 0.034 6	0.013 4 : 0.022 8	0.010 7 : 0.023 0
	3 : 7	0.064 8 : 0.036 0	0.056 6 : 0.031 5	0.484 1 : 0.026 9	0.040 3 : 0.022 4	0.032 1 : 0.017 9
	5 : 5	0.108 2 : 0.025 7	0.094 4 : 0.022 5	0.080 7 : 0.019 2	0.067 1 : 0.016 0	0.053 5 : 0.012 8
	7 : 3	0.151 2 : 0.015 4	0.132 1 : 0.013 5	0.113 0 : 0.011 5	0.090 4 : 0.009 6	0.074 9 : 0.007 7
	9 : 1	0.194 4 : 0.005 2	0.169 9 : 0.004 5	0.145 3 : 0.003 9	0.120 8 : 0.003 2	0.096 3 : 0.002 6

表4-4　复盐法降酸方案为 $C_4H_4O_6K_2$ 和 K_2CO_3

降酸剂配比		欲达到降酸目标（g/L）				
		4	5	6	7	8
不同配比下需加降酸剂量（g/10mL）	1 : 9	0.021 6 : 0.060 8	0.018 9 : 0.053 1	0.016 1 : 0.045 4	0.013 4 : 0.037 8	0.010 7 : 0.030 1
	3 : 7	0.064 8 : 0.047 3	0.056 6 : 0.041 3	0.484 1 : 0.035 3	0.040 3 : 0.029 4	0.032 1 : 0.023 4
	5 : 5	0.108 2 : 0.033 8	0.094 4 : 0.029 5	0.080 7 : 0.025 2	0.067 1 : 0.021 0	0.053 5 : 0.016 7
	7 : 3	0.151 2 : 0.020 3	0.132 1 : 0.017 7	0.113 0 : 0.015 1	0.090 4 : 0.012 6	0.074 9 : 0.010 0
	9 : 1	0.194 4 : 0.006 8	0.169 9 : 0.005 9	0.145 3 : 0.005 1	0.120 8 : 0.004 2	0.096 3 : 0.003 4

（4）降酸剂最终处理方案的确定

根据复盐法降酸所选取的感官品尝较好的降酸剂配比方案，对发酵醪液进行降酸处理。取发酵醪液100mL，处理温度为25℃，处理3h后，通过感官评价和测酸结果以确定最终降酸方案。

所选取的感官评价较好的降酸剂方案见表4-5。

表 4-5　感官评价较好的降酸剂方案

编号	不同降酸剂配比	欲达到的降酸目标 （g/L）	降酸剂加入量 （g/100mL）
1	$C_4H_4O_6K_2 : K_2CO_3$ （7∶3）	4	1.512∶0.203
2	$C_4H_4O_6K_2 : K_2CO_3$ （5∶5）	5	0.944∶0.225
3	$C_4H_4O_6K_2 : K_2CO_3$ （7∶3）	5	1.321∶0.177
4	$C_4H_4O_6K_2 : K_2CO_3$ （7∶3）	6	1.130∶0.151
5	$C_4H_4O_6K_2 : K_2CO_3$ （9∶1）	6	1.453∶0.051
6	$C_4H_4O_6K_2 : K_2CO_3$ （7∶3）	7	0.940∶0.126
7	$C_4H_4O_6K_2 : Na_2CO_3$ （7∶3）	8	0.749∶0.077
8	$C_4H_4O_6K_2 : Na_2CO_3$ （7∶3）	4	1.512∶0.154
9	$C_4H_4O_6K_2 : Na_2CO_3$ （7∶3）	5	1.321∶0.135
10	$C_4H_4O_6K_2 : Na_2CO_3$ （9∶1）	6	1.453∶0.039
11	$C_4H_4O_6K_2 : Na_2CO_3$ （7∶3）	7	0.940∶0.096
12	$C_4H_4O_6K_2 : Na_2CO_3$ （9∶1）	8	0.963∶0.034

2. 沙棘发酵醪液的澄清处理

发酵结束后，利用紫外-可见分光光度计在波长为 700nm 下测得发酵原液的透光率仅为 10.06%，酒体浑浊，不符合国家标准，需进行澄清处理。

澄清方法主要有自然澄清法、机械澄清法和加澄清剂澄清法。目前，国内外常用的澄清剂主要分为两种，一种是加和葡萄酒相互作用的材料，如明胶、蛋清、鱼胶、牛奶、干酪、单宁、亚铁氰化钾；另一种是加不和葡萄酒相互作用的材料，如纤维素、壳聚糖、膨润土、硅藻土等。

本试验所选用的方法如下。

（1）离心澄清

①取 10mL 沙棘发酵醪液 7 份，分别在 3 000 r/min、4 000 r/min、5 000r/min、6 000r/min、7 000r/min、8 000r/min、9 000r/min 下离心，离心时间均为 5min，离心结束后取上清液测透光率。

②取 10mL 沙棘发酵醪液 9 份，在 8 000r/min 下离心，离心时间分别为 2min、4min、6min、8min、10min、12min、14min、16min、18min，离心结束后取上清液测透光率。

（2）硅藻土澄清试验

①取 10mL 沙棘发酵醪液 6 份于试管中，分别加入 4%的硅藻土溶液 0.175mL、0.2mL、0.225mL、0.25mL、0.275mL、0.3mL，折算后相应的浓度为 70g/100L、80g/100L、90g/100L、100g/100L、110g/100L、120g/100L，摇匀后静置 2h 后离心测透光率，找出最佳的硅藻土加入量。

②取沙棘发酵醪液 25mL 放入试管中，按硅藻土加入浓度为 110g/100L 计算，需加 4%硅藻土溶液 0.625mL。静置时间分别为 0.5h、1h、2h、2.5h、4h，离心后测透光率，确定硅藻土使用条件。

（3）壳聚糖澄清试验

①取 10mL 沙棘发酵醪液 6 份放入试管中，加入 2%壳聚糖溶液的体积分别为 0.2mL、0.225mL、0.25mL、0.275mL、0.3mL、0.325mL，折算后相应的浓度分别为 40g/100L、45g/100L、50g/100L、55g/100L、60g/100L、65g/100L，摇匀后静置 2h 后离心测透光率，找出最好的壳聚糖加入量。

②取沙棘发酵醪液 25mL 放入试管中，按壳聚糖加入浓度为 60g/100L 计算，需加 2%的壳聚糖溶液 0.625mL。分别静置 0.5h、1h、2h、2.5h、4h 后离心测透光率，确定壳聚糖使用条件。

（4）硅藻土-壳聚糖联合澄清试验

取沙棘发酵液 20mL，在选择的条件下（硅藻土用量为 110g/100L，壳聚糖用量为 60g/100L），需要加入 4%硅藻土液和 2%壳聚糖液的体积分别为 0.55mL、0.6mL。静置 2h 后离心测透光率。

（5）硅藻土过滤澄清

装填硅藻土柱子，利用真空过滤装置，对沙棘发酵醪液进行真空抽滤，过滤结束后测其透光率。

（五）发酵产品的测定

根据以上确定的发酵工艺路线，进行沙棘发酵试验，发酵结束后，进行降酸、澄清处理。取样测定发酵结束后的酒精度、残糖及发酵前后主要营养物质（包括维生素 B_1、维生素 B_2，维生素 C、维生素 E 及总黄酮）的变化情况。

（六）测试分析方法

1. 沙棘中还原糖、总糖的测定

还原糖测定方法参考 GB/T 5009.7—2016；总糖测定方法参考 GB/T 5009.9—2016。

2. 总酸的测定

酸碱滴定法（电位滴定）。

3. 维生素测定

维生素 B_1 测定方法依据 GB/T 5009.84—2016；维生素 B_2 测定方法依据 GB/T 5009.85—2016；维生素 C 的测定方法依据 GB/T 5009.86—2016；维生素 E 的测定方法为气相色谱法。

4. 黄酮的测定

方法依据 GB/T 20574—2006。

5. 酒精测定

气相色谱法。

第二节　结果与分析

一、沙棘酵母的分离筛选结果与分析

根据观察酵母菌的形态特征及镜检结果，经分离纯化，得到 21 株疑似酵母菌株，结果见表 4-6。

表 4-6　各地沙棘果上分出的菌株情况

采摘地点	采摘时间	所筛菌株数（株）	菌株编号
茶房村	2008 年 11 月 15 日	9	C1-1~C1-2、C2-1 C3-1~C3-2、C4-1~C4-4
杀虎口	2008 年 11 月 15 日	12	S1-1~S1-3、S2-1~S2-4 S3-1~S3-3、S4-1~S4-2

在这 21 株菌株中，挑出最具有酵母菌形态特征的 2 株疑似酵母菌株（C4-2、S2-1）和第三章研究筛选出的菌株 C2-2、FB1、FB2、FS3 进行发酵性能的测定确定发酵性能优越的沙棘酵母菌株，用于沙棘汁的发酵。

二、沙棘酵母发酵性能测定结果与分析

1. 发酵力测定结果

在发酵过程中，失重量越大，即产气量越大，可认为对底物的利用率越高，期望选出失重量较其他菌株大的酵母菌。从图 4-2 可以看出，麦汁液体总失重中 FB-2、C4-2、C2-2 的失重量都明显多于其余 3 株酵母菌，说明其对糖的利用较为充分。图 4-3 即是 6 株酵母菌在发酵力试验结束后取其样进行酒精浓度的测定结果。在酒精浓度测定中，菌株 C2-2 的酒精浓度

明显高于其他 5 株酵母菌，其次是 FB-1、FB-2。由于在麦汁液体失重中
FB-2 的失重量远高于 FB-1，而产酒精浓度的区别并不大，故在综合
图 4-2、图 4-3 的结果后，确定 C2-2，FB-2 较其他 4 株菌在发酵力试验中
表现优良。

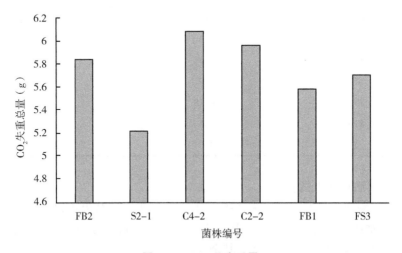

图 4-2　CO_2 总失重量

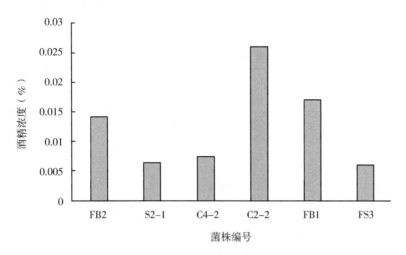

图 4-3　各菌株发酵结束后酒精产量

2. 凝聚性试验结果

凝聚性试验结果见表4-7，这6株菌的凝聚值都处于强或中的范围，都满足果酒研制的要求。

表4-7　凝聚性试验

酵母菌株	本斯值	凝聚性
C4-2	2.0	强
C2-2	2.5	强
FS-3	0.8	中
FB-1	0.75	中
FB-2	0.5	中
S2-1	2.0	强

3. 耐酒精能力试验

耐酒精能力试验结果见表4-8。分析表4-8中各结果可以看出，在0~4%的酒精浓度中各酵母菌生长状况无大区别。酒精浓度为8%时菌株C2-2生长旺盛，C4-2，FB-2略低，其余3株菌的密度大幅度下降。12%酒精浓度下，C2-2仍旧生长旺盛，S2-1已经观察不到活细胞。其余4株均有少量活细胞可观察得到。16%酒精浓度下只有C2-2有少量活细胞被观察到，这与第三章研究结果相吻合，经过分析后认为，在耐酒精能力试验中菌株C2-2应为优良菌株。

表4-8　耐酒精能力试验

菌株号	酒精浓度（%）					
	0	4	8	12	16	20
FB-1	+++	+++	++	+	—	—
FB-2	+++	+++	++	+	—	—
FS-3	++	++	+	+	—	—
C2-2	+++	+++	+++	++	+	—
C4-2	+++	+++	++	+	—	—
S2-1	+++	+++	+	—	—	—

注："+"表示在显微镜下观察到菌体密度的相对大小。

4. 耐 SO_2 能力试验

耐 SO_2 试验结果主要以产酒精浓度高低为评判标准，其结果见图 4-4 和图 4-5。

从图中明显看出 C2-2 在 80mg/L、140mg/L 的 SO_2 浓度下酒精产量明显高于其他酵母菌株。因此在对耐 SO_2 试验结果分析后认为 C2-2 为对 SO_2 耐受性较强的酵母菌株。

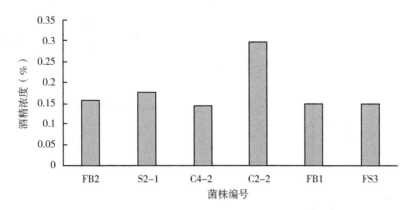

图 4-4 SO_2 浓度在 80mg/L 下产酒精能力

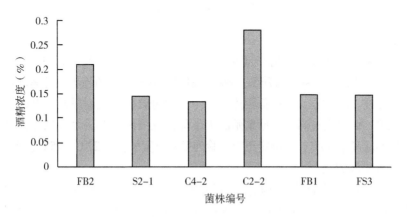

图 4-5 SO_2 浓度在 140mg/L 下产酒精能力

综合以上发酵特性试验，得到发酵性能最好的菌株为酵母菌株 C2-2，因此选择沙棘酵母 C2-2 为较为适合沙棘汁发酵的优良菌株，用于以下的研究试验中。

三、菌株 C2-2 发酵工艺参数单因素试验结果与分析

1. 酵母接种量

酵母接种量的选择以酒精产量的高低为评价指标。酒精产量见图 4-6。由图 4-6 可以看出，接种量在 2%~8%，随着接种量的增加，曲线的走势开始向上，接种量在 2%~6% 时酒精产量变化不明显，在 8% 以后，随着接种量的增加，酒精产量趋势变化明显，且在酵母接种量为 12% 时，酒精产量继续上升，所以将正交试验的酵母菌接种量梯度设为 9%、12%、15%。

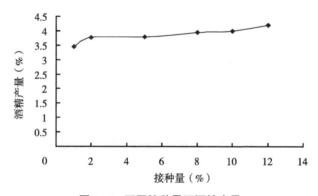

图 4-6　不同接种量下酒精产量

2. 发酵温度

发酵温度的选择以酒精产量的高低为评价指标。酒精产量见图 4-7。由图 4-7 可知，随着发酵温度的升高，酒精产量呈现先升后降的趋势，且酵母发酵的最适温度在 25℃ 左右，在过低温度条件下，酵母繁殖和代谢缓慢，迟迟不出现发酵现象；而温度过高，酵母繁殖能力下降，也很快丧失活力而死亡，因此发酵温度不应高于 30℃，故确定正交试验的发酵温度梯度为 22℃、25℃、28℃。

3. SO₂ 添加量

SO_2 添加量的选择以酒精产量的高低为评价指标。酒精产量见图 4-8。由图 4-8 看出，在 40~80mg/L，酒精产量较高，随着 SO_2 添加量的增加，酒精产量有下降但变化不大，因此正交试验中 SO_2 添加量的梯度设为 40mg/L、60mg/L、80mg/L。

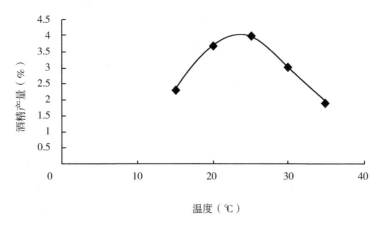

图 4-7 不同温度下酒精产量

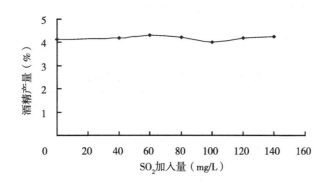

图 4-8 不同 SO_2 添加量下酒精产量

4. 果胶酶加入量

果胶酶加入量以透光率和感官评价为指标的结果见表 4-9。经过透光率测定和感官评价，综合选得 4 号为最适的果胶酶加入量，一是在此处透光率为最大值，之后有所下降，并且口感适中。二是在 8 号处虽然透光率增加，但口味明显太过苦涩。因此选定的果胶酶加入量为 0.16g/L，正交试验梯度为 120mg/L、160mg/L、200mg/L。

综合以上发酵参数单因素试验结果，设计正交试验，研究沙棘汁发酵的工艺路线。

表4-9　不同果胶酶加入量下透光率和感官评价指标

编号	700nm 下透光率 （%）	感官评价
1	93.87	酒香味明显，微酸，有甜味，苦涩不明显
2	90.28	酒香味明显，酸感比1号略降，甜略弱，苦涩感不明显
3	91.10	酒香味明显，微酸，有甜味，苦涩不明显
4	94.88	酒香味明显，酸适中，苦涩适中
5	92.58	酒香味明显，酸适中，苦涩适中
6	93.67	酒香味明显，酸略减弱，苦涩感比5号有所增加
7	93.13	酒香味明显，酸略减弱，苦涩感比6号有所增加
8	97.71	酒香味明显，酸略减弱，苦涩感比7号有所增加

四、发酵工艺参数正交试验结果与分析

正交试验结果见表4-10。

表4-10　发酵工艺参数正交试验结果

试验号		A	B	C	D	酒精产量 （%）	透光率 （%）
1		1	1	1	1	2.70	95.99
2		1	2	2	2	2.78	93.02
3		1	3	3	3	2.76	95.23
4		2	1	2	3	2.56	95.62
5		2	2	3	1	2.70	93.35
6		2	3	1	2	2.61	93.81
7		3	1	3	2	2.64	92.61
8		3	2	1	3	2.44	94.16
9		3	3	2	1	2.43	94.79
酒精产量 （%）	K1	2.75	2.63	2.58	2.61		
	K2	2.62	2.64	2.59	2.67		
	K3	2.50	2.60	2.7	2.59		
透光率 （%）	T1	94.42	94.41	94.32	94.38		
	T2	94.26	93.51	94.48	93.15		
	T3	93.85	94.61	93.73	95.00		
R_K		0.25	0.04	0.12	0.08		
R_T		0.57	1.1	0.75	1.85		

由表 4-10 中看出，以酒精产量为指标时，按极差大小列出各因素由主到次的次序为发酵温度（A）>酵母接种量（C）>SO_2 添加量（D）>果胶酶加入量（B）；以透光率为指标时，SO_2 添加量>果胶酶加入量>酵母接种量>发酵温度。在其中，发酵温度和酵母接种量在 4 个因素中是对发酵产酒精的主要影响因素，取发酵温度为 22℃，酵母接种量为 15%。果胶酶和 SO_2 加入量在澄清度方面为主要因素，取果胶酶加入量为 200mg/L，SO_2 加入量为 80mg/L；根据方差分析与显著性分析结果综合得出以下工艺参数。

沙棘汁发酵的最佳工艺参数为 A1-B3-C3-D3，即发酵温度为 22℃，果胶酶加入量为 200mg/L，酵母接种量为 15%，SO_2 的添加量为 80mg/L。利用所选定的最佳发酵工艺参数，设计发酵沙棘汁的工艺路线。

五、发酵醪液降酸处理的结果与分析

1. 不同降酸剂处理结果与分析

（1）$CaCO_3$

加入降酸剂 $CaCO_3$ 处理结果见表 4-11。加入 $CaCO_3$ 降酸后，对酒的香味影响严重，并且口味中带有明显的降酸剂味道，后味苦涩，对沙棘果酒的口感影响较大，因此舍去不用。

表 4-11　加入降酸剂 $CaCO_3$ 处理结果

指标	欲达到降酸目标（g/L）					
	4	5	6	7	8	9
降酸后总酸（g/L）	3.45	3.76	4.82	5.098	7.49	7.90
降酸后 pH 值	4.31	4.30	4.15	3.94	3.87	3.75
感官品尝	酒香味淡，后味苦涩，酸味过低	酒香味淡，后味苦涩，酸感低	酒香味淡，后味苦涩，后味过酸	酒香味淡，后味苦涩，后味过酸	酒香味淡，后味苦涩，过酸	酒香味淡，后味苦涩，过酸

（2）K_2CO_3

加入降酸剂 K_2CO_3 处理结果见表 4-12。加入 K_2CO_3 降酸对酒的香味和酒味影响不是很大，但加入过多会使酒味发苦，加入量小降酸效果不明显，因此可以和其他降酸剂搭配使用。降酸目标为 6g/L、7g/L、8g/L 的可以选择该方法。

表 4-12　加入降酸剂 K₂CO₃ 处理结果

指标	欲达到降酸目标（g/L）					
	4	5	6	7	8	9
降酸后总酸（g/L）	6.16	7.22	8.55	8.89	9.3	8.35
降酸后 pH 值	4.23	4.08	3.97	3.81	3.75	3.93
感官品尝	酒香味明显，后味微苦涩，略酸	酒香味明显，后味微苦涩，略酸	酒香味明显，后味微苦涩，酸味略降	酒香味明显，后味微苦涩，酸味略降	酒香味明显，后味微苦涩，酸味略降	酒香味略降，后味微苦涩，略酸

（3）NaHCO₃

加入降酸剂 NaHCO₃ 处理结果见表 4-13。

表 4-13　加入降酸剂 NaHCO₃ 处理结果

指标	欲达到降酸目标（g/L）					
	4	5	6	7	8	9
降酸后总酸（g/L）	7.01	6.12	6.49	7.22	8.52	9.75
降酸后 pH 值	4.27	4.36	4.15	4.15	3.90	3.73
口感	酒香味明显，后味苦涩，	酒香味明显，后味苦涩，过酸	酒香味明显，后味苦涩，过酸	酒香味明显，后味苦涩，过酸	酒香味明显，后味苦涩，过酸	酒香味明显，后味苦涩，过酸

加入 NaHCO₃ 降酸对酒味影响较大，并且降酸效果不是很理想，要想达到明显的降酸效果则需大量加入，造成后味发苦，因此舍去。

（4）C₄H₄O₆K₂

加入降酸剂 C₄H₄O₆K₂ 处理结果见表 4-14。加入 C₄H₄O₆K₂ 降酸对酒香味影响不大，后味的苦涩感较小，降酸目标为 5g/L、6g/L、7g/L 时可以选择使用。

表4-14 加入降酸剂 $C_4H_4O_6K_2$ 处理结果

指标	欲达到降酸目标（g/L）					
	4	5	6	7	8	9
降酸后总酸（g/L）	7.69	8.55	9.06	9.57	10.74	10.98
降酸后pH值	3.89	3.78	3.71	3.64	3.54	3.47
口感	酒香味明显，较酸，微苦涩	酒香味明显，酸感强，微苦涩	酒香味明显，酸感强，微苦涩	酒香味明显，酸感强，微苦涩	酒香味明显，酸感强，微苦涩	酒香味明显，酸感过强，微苦涩

（5）Na_2CO_3

加入降酸剂 Na_2CO_3 处理结果见表4-15。从表4-15可以看出，加入 Na_2CO_3 降酸可以明显降低沙棘汁中酸的含量，对后味影响不明显，降酸目标为4g/L、5g/L、6g/L时可以选择使用。

表4-15 加入降酸剂 Na_2CO_3 处理结果

指标	欲达到降酸目标（g/L）					
	4	5	6	7	8	9
降酸后总酸（g/L）	3.42	4.41	5.44	6.87	7.52	8.55
降酸后pH值	4.95	4.65	4.15	3.10	3.93	3.58
口感	酒香味明显，酸感适中，微苦涩	酒香味明显，酸感适中，微苦涩	酒香味明显，酸感适中，微苦涩	酒香味淡，酸感强	酒香味淡，酸涩感强	酒香味淡，酸涩感强

经过上述降酸试验，最后确定了使用的降酸剂为 $C_4H_4O_6K_2$、Na_2CO_3、K_2CO_3。实际上，由于沙棘汁中酸的种类及各种酸的确切含量不清楚，只能根据各降酸剂降酸后沙棘发酵液中的总酸，得出各降酸剂相应的用量和实际可以降低沙棘发酵液中酸的量，其比例关系如下。

$C_4H_4O_6K_2$ 实际降酸为1g/L可以降0.3672g/L左右。

K_2CO_3 实际降酸为1g/L可以降1.1405g/L左右。

Na_2CO_3 实际降酸为1g/L可以降1.1745g/L左右。

2. 降酸剂处理温度和时间对沙棘发酵醪液影响的结果与分析

（1）降酸剂处理温度对沙棘发酵醪液的影响分析

①降酸剂 $C_4H_4O_6K_2$ 在不同温度下的结果见表4-16。从表4-16可以看

出，$C_4H_4O_6K_2$ 降酸效果较弱，在温度 20℃ 和 25℃ 下，降酸效果不是很明显，但对酒的香味和口感影响不大，在温度 30℃ 和 35℃ 条件下，降酸效果有所提高，但苦涩感增强，对酒的口感不利，因此选择 25℃ 为降酸温度。

表 4-16　加入降酸剂 $C_4H_4O_6K_2$ 在不同温度下处理结果

指标	处理温度（℃）			
	20	25	30	35
降酸后酸度（g/L）	13.17	13.03	11.75	11.60
感官品尝	酒香味浓，微酸，后味微苦涩	酒香味浓，微酸，苦涩相比20℃稍弱	酒香味浓，微酸，后味苦涩略强	酒香味浓，微酸，后味苦涩略强

②降酸剂 Na_2CO_3 在不同温度下的结果分析见表 4-17。从表 4-17 可以看出，Na_2CO_3 降酸效果明显，但对口感影响较大，易造成后味苦涩，在 25～35℃ 所降发酵醪液中的酸度变化不大，因此选择 25℃ 为降酸温度。

表 4-17　加入降酸剂 Na_2CO_3 在不同温度下处理结果

指标	处理温度（℃）			
	20	25	30	35
降酸后酸度（g/L）	7.61	6.78	7.11	6.78
感官品尝	酒香味浓，酸感弱，后味微苦涩	酒香味淡，酸感弱，后味苦涩	酒香味淡，酸感弱，后味苦涩	酒香味淡，酸感弱，后味苦涩

③降酸剂 K_2CO_3 在不同温度下的结果分析见表 4-18。从表 4-18 可以看出，K_2CO_3 降酸效果介于 $C_4H_4O_6K_2$ 和 Na_2CO_3 之间，降酸效果不是很明显，对口感影响不是很大，在 25～35℃ 所降发酵醪液中的酸度变化不大，但在 30℃ 和 35℃ 下，苦涩略有增强，因此选择 25℃ 为 K_2CO_3 降酸温度。综合考虑以上因素，降酸处理的温度为 25℃。

表 4-18　加入降酸剂 K_2CO_3 在不同温度下处理结果

指标	处理温度（℃）			
	20	25	30	35
降酸后酸度（g/L）	10.18	9.28	9.71	9.64

（续表）

指标	处理温度（℃）			
	20	25	30	35
感官品尝	酒香味浓，酸感弱，后味微苦涩	酒香味浓，酸感弱，后味略苦涩	酒香味浓，酸感适中，后味苦涩略强	酒香味浓，酸感适中，后味苦涩略强

（2）降酸剂处理时间对沙棘发酵醪液的影响分析

①降酸剂 $C_4H_4O_6K_2$ 处理时间的影响结果见表4-19。由表4-19可以看出，随着降酸剂 $C_4H_4O_6K_2$ 处理时间的延长，发酵醪液中酸度逐渐减低，但在2~3h降酸效果已不太明显，同时降酸处理时间对沙棘发酵醪液口感影响不是很大。因此，选择处理时间为3h。

表4-19 加入降酸剂 $C_4H_4O_6K_2$ 处理不同时间的结果

指标	处理时间（h）				
	0.5	1	1.5	2	3
降酸后酸度（g/L）	12.14	11.85	11.75	11.63	11.58
感官品尝	酒香味浓，酸感适中，微苦涩	酒香味浓，酸感适中，微苦涩	酒香味浓，酸感适中，微苦涩	酒香味浓，酸感适中，微苦涩	酒香味浓，酸感适中，微苦涩

②降酸剂 Na_2CO_3 处理时间的影响结果见表4-20。由表4-20可以看出，随着降酸剂处理时间的延长，发酵醪液中酸度变化不是很大，同时对沙棘发酵醪液口感影响也不是很大，因此选择降酸剂的处理时间为3h。

表4-20 加入降酸剂 Na_2CO_3 处理不同时间的结果

指标	处理时间（h）				
	0.5	1	1.5	2	3
降酸后酸度（g/L）	10.71	10.63	10.89	10.53	10.28
感官品尝	酒香味浓，酸感弱，后味微苦涩	酒香味浓，酸感弱，后味苦，微涩	酒香味浓，酸感强，后味微苦涩	酒香味浓，酸感弱，后味苦涩降低	酒香味浓，酸感弱，后味苦涩降低

③降酸剂 K_2CO_3 处理时间的影响结果见表4-21。由表4-21可以看出，随着处理时间的延长，发酵醪液中酸度变化不是很大，同时对沙棘发酵醪液

口感影响也不是很大，因此选择处理时间为 3h。

表 4-21　加入降酸剂 K_2CO_3 处理不同时间的结果

指标	处理时间（h）				
	0.5	1	1.5	2	3
降酸后酸度（g/L）	11.50	11.53	11.39	11.32	11.25
感官品尝	酒香味浓，酸适中，微苦涩	酒香味浓，酸适中，微苦涩	酒香味浓，酸适中，微苦涩	酒香味浓，酸适中，微苦涩	酒香味浓，酸适中，微苦涩

综合考虑以上因素，最终选取的降酸剂使用条件为处理温度 25℃、处理时间 3h。

3. 复盐法降酸结果与分析

（1）复盐法降酸方案为 $C_4H_4O_6K_2$ 和 Na_2CO_3 的结果分析

复盐法配比方案为 $C_4H_4O_6K_2$：Na_2CO_3 分别为 1:9、3:7、5:5、7:3、9:1。

①欲达到的降酸要求为 4g/L，在不同配比条件下的结果见表 4-22。由表 4-22 可以看出，在降酸目标为 4g/L、$C_4H_4O_6K_2$ 和 Na_2CO_3 的配比为 7:3 和 9:1 时，沙棘发酵液酒香味明显，口感适中，可选取进行下一步试验。

表 4-22　降酸要求为 4g/L 下降酸结果

指标	降酸剂配比				
	1:9	3:7	5:5	7:3	9:1
降酸后发酵液总酸（g/L）	5.034	6.07	7.35	6.64	6.49
降酸后 pH 值	4.55	4.31	4.30	4.41	4.35
降酸幅度（g/L）	6.896	5.86	4.58	5.29	5.44
感官评价	酒香味明显，酸感弱，后味苦涩明显	酒香味明显，酸感弱，后味苦涩明显	酒香味明显，酸感适中，苦涩略减	酒香味明显，酸感适中，苦涩感略优于5:5	酒香味明显，酸感适中，苦涩感略优于5:5

②欲达到的降酸要求为 5g/L，在不同配比条件下的结果见表 4-23。由表 4-23 可以看出，在降酸目标为 5g/L、$C_4H_4O_6K_2$ 和 Na_2CO_3 的配比为 5:5 和 7:3 时，酒香味明显，酸度适中，苦涩味较弱，口感较好，可选取

进行下一步试验。

表 4-23 降酸要求为 5g/L 下降酸结果

指标	降酸剂配比				
	1:9	3:7	5:5	7:3	9:1
降酸后发酵液总酸（g/L）	6.57	7.28	8.57	8.64	8.50
降酸后 pH 值	4.38	4.21	4.05	4.17	4.25
降酸幅度（g/L）	5.36	4.65	3.36	3.29	3.43
感官评价	酒香味明显，酸度适中，后味微苦	酒香味明显，酸度适中，后味微苦	酒香味明显，酸度适中，后味微苦，略优于3:7	酒香味明显，酸度适中，后味微苦，略优于5:5	酒香味明显，酸度适中，后味微苦，略过酸

③欲达到的降酸要求为 6g/L，在不同配比条件下的结果见表 4-24。由表 4-24 可以看出，在降酸目标为 6g/L、$C_4H_4O_6K_2$ 和 Na_2CO_3 的配比为 7:3 和 9:1 时，酒香味明显，酸度适中，苦涩味较弱，口感较好，可选取进行下一步试验。

表 4-24 降酸要求为 6g/L 下降酸结果

指标	降酸剂配比				
	1:9	3:7	5:5	7:3	9:1
降酸后发酵液总酸（g/L）	7.78	8.50	8.57	9.28	9.28
降酸后 pH 值	4.13	4.06	4.01	4.01	4.04
降酸幅度（g/L）	4.15	3.43	3.36	2.65	2.65
感官评价	酒香味明显，酸度适中，后味略苦涩	酒香味明显，酸度适中，后味苦涩	酒香味明显，酸度适中，后味略苦涩	酒香味明显，酸度适中，后味略苦涩，酸度略低于5:5	酒香味明显，酸度适中，后味略苦涩，酸度略低于5:5

④欲达到的降酸要求为 7g/L，在不同配比条件下的结果见表 4-25。由表 4-25 可以看出，在降酸目标为 7g/L、$C_4H_4O_6K_2$ 和 Na_2CO_3 的配比为 7:3 时酒香味明显，苦涩味较弱，口感较好，可选取进行下一步试验。

表 4-25　降酸要求为 7g/L 下降酸结果

指标	降酸剂配比				
	1:9	3:7	5:5	7:3	9:1
降酸后发酵液总酸（g/L）	8.00	9.14	9.99	10.14	9.21
降酸后 pH 值	4.05	3.97	3.97	3.93	3.95
降酸幅度（g/L）	3.93	2.79	1.94	1.79	2.72
感官评价	酒香味明显后味酸苦	酒香味明显，后味酸苦，但优于 1:9	酒香味明显，后味略酸苦，优于 3:7	酒香味明显，后味略酸苦，优于 5:5	酒香味明显，后味过酸

⑤欲达到的降酸要求为 8g/L，在不同配比条件下的结果见表 4-26。由表 4-26 可以看出，在降酸目标为 8g/L、$C_4H_4O_6K_2$ 和 Na_2CO_3 的配比为 7:3 时，酒香味浓，酸度适中，苦涩味较弱，口感较好，可选取进行下一步试验。

表 4-26　降酸要求为 8g/L 下降酸结果

指标	降酸剂配比				
	1:9	3:7	5:5	7:3	9:1
降酸后发酵液总酸（g/L）	9.35	10.50	10.28	10.78	10.57
降酸后 pH 值	3.91	3.85	3.85	3.83	3.86
降酸幅度（g/L）	2.58	1.43	1.64	1.15	1.36
感官评价	酒香味浓，过酸，后味苦涩	酒香味浓，过酸，后味苦涩	酒香味浓，过酸，后味略苦涩	酒香味浓，酸略减，后味略苦涩	酒香味浓，过酸，后味苦涩

（2）复盐法降酸方案为 $C_4H_4O_6K_2$ 和 K_2CO_3 的结果分析

复盐法配比方案为 $C_4H_4O_6K_2$：K_2CO_3 分别为 1:9、3:7、5:5、7:3、9:1。

①欲达到的降酸要求为 4g/L，在不同配比条件下的结果见表 4-27。由表 4-27 可以看出，在降酸目标为 4g/L、$C_4H_4O_6K_2$ 和 K_2CO_3 的配比为 7:3 时，酒香味明显，酸感适中，口感较好，可选取进行下一步试验。

②欲达到的降酸要求为 5g/L，在不同配比条件下的结果见表 4-28。由表

4-28 可以看出，在降酸目标为 5g/L、$C_4H_4O_6K_2$ 和 K_2CO_3 的配比为 7∶3 时，酒香味明显，酸度适中，后味微苦涩，口感较好，可选取进行下一步试验。

表 4-27　降酸要求为 4g/L 下降酸结果

指标	降酸剂配比				
	1∶9	3∶7	5∶5	7∶3	9∶1
降酸后发酵液总酸（g/L）	6.070	7.855	5.998	7.212	7.855
降酸后 pH 值	4.45	4.32	4.27	4.25	4.31
降酸幅度（g/L）	5.860	4.075	5.932	4.718	4.075
感官评价	酒味明显，香味不足，酸感弱，后味苦涩明显	酒香味明显，酸感弱，后味苦涩明显	酒香味明显，酸感略强，后味苦涩略减	酒香味明显，酸感略减，苦涩略优于 5∶5	酒香味明显，酸感略减，后味略苦涩

表 4-28　降酸要求为 5g/L 下降酸结果

指标	降酸剂配比				
	1∶9	3∶7	5∶5	7∶3	9∶1
降酸后发酵液总酸（g/L）	6.427	7.855	7.141	8.569	7.141
降酸后 pH 值	4.20	4.17	4.22	4.26	4.27
降酸幅度（g/L）	5.503	4.075	4.789	3.361	4.789
感官评价	酒香味明显，后味苦涩	酒香味明显，后味苦涩	酒味明显，香味不足酸度适中，后味微苦涩	酒香味明显，酸度适中，后味微苦涩，略优于 8 号	酒香味明显，酸度适中，后味微苦，略过酸

③欲达到的降酸要求为 6g/L，在不同配比条件下的结果见表 4-29。由表 4-29 可以看出，在降酸目标为 6g/L、$C_4H_4O_6K_2$ 和 K_2CO_3 配比为 9∶1 时，酒香味明显，酸度适中，后味略苦涩，口感较好，可选取进行下一步试验。

表 4-29　降酸要求为 6g/L 下降酸结果

指标	降酸剂配比				
	1∶9	3∶7	5∶5	7∶3	9∶1
降酸后发酵液总酸（g/L）	7.926	9.069	9.140	8.926	9.212

（续表）

指标	降酸剂配比				
	1∶9	3∶7	5∶5	7∶3	9∶1
降酸后 pH 值	4.13	4.09	4.07	4.10	4.08
降酸幅度（g/L）	4.004	2.861	2.790	7.926	2.718
感官评价	酒香味明显，后味苦涩	酒香味明显，后味苦涩略减	酒香味明显，后味苦涩略优于1∶9和3∶7	酒香味略淡，酸度弱，后味略苦涩	酒香味明显，酸度适中，后味苦涩，酸度略低于5∶5

④欲达到的降酸要求为7g/L，在不同配比条件下的结果见表4-30。由表4-30可以看出，在降酸目标为7g/L、$C_4H_4O_6K_2$ 和 K_2CO_3 配比为7∶3时，酒香味明显，后味略酸苦，口感较好，可选取进行下一步试验。

表4-30　降酸要求为7g/L下降酸结果

指标	降酸剂配比				
	1∶9	3∶7	5∶5	7∶3	9∶1
降酸后发酵液总酸（g/L）	8.569	8.569	9.283	9.997	9.283
降酸后 pH 值	4.03	4.02	4.00	3.99	4.00
降酸幅度（g/L）	3.361	3.361	2.647	1.933	2.647
感官评价	酒香味明显，后味微苦涩，略酸	酒香味明显，后味微苦涩，略酸	酒香味明显，后味苦涩略减，略酸	酒香味明显，后味略酸苦，优于3∶7	酒香味明显，后味过酸

⑤欲达到的降酸要求为8g/L，在不同配比条件下的结果见表4-31。由表4-31可以看出，在降酸目标为8g/L、$C_4H_4O_6K_2$ 和 K_2CO_3 配比为9∶1时，酒香味浓，酸略弱，后味苦涩略减，口感较好，可选取进行下一步试验。

表4-31　降酸要求为8g/L下降酸结果

指标	降酸剂配比				
	1∶9	3∶7	5∶5	7∶3	9∶1
降酸后发酵液总酸（g/L）	8.569	10.711	11.425	11.425	10.711

（续表）

指标	降酸剂配比				
	1∶9	3∶7	5∶5	7∶3	9∶1
降酸后 pH 值	3.89	3.88	3.85	3.85	3.87
降酸幅度（g/L）	3.361	1.219	0.505	0.505	1.219
感官评价	酒香味浓，口感过酸，后味苦涩	酒香味浓，过酸，后味苦涩	酒香味浓，过酸，后味苦涩减弱	酒香味浓，酸略减，后味略苦涩	酒香味浓，酸略弱，后味苦涩略减

4. 最终降酸剂方案处理的结果与分析

根据以上降酸试验结果，选取口感较好的部分进行扩大量试验。取样品 100mL 加入经品尝后相对较好的降酸剂配比量的降酸剂，降酸后，放置一定时间，继续品尝选出口感相对好的样品。

所选取的降酸剂配比方案处理后的结果见表4-32、表4-33。

表4-32　较好降酸方案下规模降酸结果

编号	降酸后发酵液总酸（g/L）	降酸后 pH 值	降酸幅度（g/L）
1	6.18	4.53	5.75
2	6.66	4.34	5.27
3	7.01	4.29	4.92
4	8.53	3.91	4.19
5	7.70	4.15	5.02
6	8.40	4.00	3.53
7	8.05	4.15	3.88
8	5.69	4.51	6.42
9	6.52	4.30	5.41
10	7.14	4.15	4.79
11	9.85	4.03	2.08
12	9.64	3.89	2.29

表4-33 较好降酸方案下规模降酸后感官评价结果

编号	色泽	香气	口感均衡性	酒体	后味
1	微浑	香气不足	苦涩，缺少柔和	酒体轻弱，酸度不够	不够纯净、协调
2	微浑	香气适中	苦味中，微涩，缺少柔和	酸度不高	不够纯净、协调
3	微浑	香气适中，浓郁	柔和、爽口	酒体娇嫩，愉悦	印象单一、可口
4	微浑	香气适中	微苦涩，口味协调	酒体娇嫩，爽口，微酸	后味悠长、协调
5	微浑	香气适中	先苦后涩，微酸，平淡	酒体轻弱，有刺激感	印象单一，淡、短
6	澄清	香气适中	口味协调、柔和	酒体娇嫩、愉悦	印象单一，淡、短
7	澄清	香气适中	口味协调、柔和	酸较重，完整	后味酸涩，印象单一
8	微浑	香气适中	味平淡	酸感弱，酒体轻弱	印象单一，淡、短
9	微浑	香气适中	后味苦涩，少柔和	酒体瘦弱，缺乏酸度	不够纯净，协调，后味淡短
10	微浑	香气适中	柔和，协调	酒体轻弱	后味不够纯净
11	澄清	香气适中	后味苦涩，少柔和	酸度弱，愉悦调和	后味吻合，悠长
12	澄清	香气适中	后味平淡，少柔和	酸度弱，愉悦调和	后味吻合，悠长

从表4-33可以看出，较好的试验方案为4、11、12，在此方案下，酒香味适中，口味协调，后味柔和、悠长，即复盐法降酸方案为$C_4H_4O_6K_2$和K_2CO_3配比为7：3，降酸目标为6g/L；$C_4H_4O_6K_2$和Na_2CO_3配比为7：3，降酸目标为7g/L；$C_4H_4O_6K_2$和Na_2CO_3配比为9：1，降酸目标为8g/L。所选取的不同方案各具不同的特色。

六、沙棘发酵醪液澄清处理的结果分析

1. 离心澄清的结果与分析

①不同转速下离心澄清效果见表4-34。由表4-34可以看出，在离心时间均为5min时，随着转速增加，透光率逐渐增大，但转数继续增加，效果已不明显，超过8 000r/min以后，透光率基本不再增加，可见离心澄清的转数在8 000r/min相对较好，透光率达到40%。

表4-34 转速不同下离心澄清效果

指标	数值						
转速（r/min）	3 000	4 000	5 000	6 000	7 000	8 000	9 000
透光率（%）	34.20	34.65	35.54	37.21	38.89	40.00	39.95

②离心转数相同，离心时间不同的澄清效果见表4-35。由表4-35可以看出，在转速一定条件下，随着离心时间的延长，透光率逐渐增大，但时间继续延长，超过16min以后，透光率增加不明显，因此，可选择离心澄清的条件为离心转速8 000r/min、离心时间16min，此时透光率为58.99%。

表4-35 离心时间不同下澄清效果

指标	数值								
离心时间（min）	2	4	6	8	10	12	14	16	18
透光率（%）	37.54	38.64	40.01	42.32	47.50	50.21	53.59	58.99	58.96

2. 硅藻土澄清处理沙棘发酵醪液的效果与分析

①不同硅藻土用量的澄清效果见表4-36。从表4-36可以看出，随着硅藻土用量的增加，透光率逐渐增加，但用量超过110g/100L以后，透光率趋于稳定，所以选择硅藻土用量为110g/100L，此时透光率为74.95%。

表4-36 不同硅藻土用量的澄清效果

指标	数值					
硅藻土用量（g/100L）	70	80	90	100	110	120
透光率（%）	61.51	67.91	70.41	73.91	74.95	74.85

②硅藻土用量均为110g/100L条件下，不同澄清时间的澄清效果见表4-37。表4-37表明，随着澄清时间的增加，透光率逐渐增加，但时间超过2.5h以后，透光率变化趋于稳定，所以硅藻土澄清处理的条件为硅藻土用量110g/100L，澄清时间为2.5h，此时透光率为69.65%。

表4-37 不同澄清时间的澄清效果

指标	数值				
澄清时间（h）	0.5	1	2	2.5	4
透光率（%）	46.31	55.21	67.58	69.65	68.75

3. 壳聚糖澄清处理沙棘发酵醪液的效果与分析

①不同壳聚糖用量的澄清效果见表 4-38。由表 4-38 可以看出，随着壳聚糖用量的增加，透光率逐渐增加，当壳聚糖用量达到 60g/100L 以后，透光率变化趋于平稳，且在 65g/100L 时有所下降，所以壳聚糖用量选择为 60g/100L，此时透光率为 58.11%。

表4-38　不同壳聚糖用量的澄清效果

指标	数值					
壳聚糖用量（g/100L）	40	45	50	55	60	65
透光率（%）	34.37	47.51	47.47	46.27	58.11	49.91

②壳聚糖用量一定，澄清时间不同的澄清效果见表 4-39。由表 4-39 可以看出，随着澄清时间的增加，透光率逐渐增加，但时间超过 2h 以后，透光率基本稳定，所以壳聚糖澄清处理使用条件为壳聚糖用量 60g/100L，澄清时间为 2h，此时透光率为 58.99%。

表4-39　不同澄清时间的澄清效果

指标	数值				
澄清时间（h）	0.5	1	2	2.5	4
透光率（%）	56.21	57.69	58.99	58.89	58.11

4. 硅藻土-壳聚糖联合澄清处理结果

经测定，硅藻土-壳聚糖联合澄清后沙棘发酵醪液的透光率为 68.12%。此种方法与单一的硅藻土澄清效果相当。

5. 硅藻土过滤澄清结果分析

利用真空过滤装置对沙棘发酵醪液进行抽滤，经测定透光率可达到 90%以上。

综合分析以上各种方法对沙棘醪液的澄清效果可知，用离心澄清效果不是很好，且耗能大，使成本增加；使用单一的硅藻土过滤效果优于用硅藻土和壳聚糖联合澄清的效果，且能减少成本；装填硅藻土柱子，利用真空过滤装置对沙棘发酵醪液进行抽滤，透光率可达 90%以上，是这些方法中效果最为明显的。因此，最后选择的澄清方法为：装填硅藻土柱子，利用真空过滤装置对沙棘发酵醪液进行抽滤。

七、发酵产品测定结果

发酵结束后，利用气相色谱仪测定最终酒精度为 11.54%，残糖为 0.256%，符合国家标准。发酵前后营养物质测定结果见表 4-40。

表 4-40 发酵前后营养物质测定结果

所测营养物质	维生素 B_1	维生素 B_2	维生素 C	维生素 E	总黄酮
发酵前（mg/100g）	0.259	31.37	42.613	4.70	167.134
发酵后（mg/100g）	最低检测限以下	6.97	13.697	最低检测限以下	171.206

从表 4-40 可以看出，维生素 B_1、维生素 E 在发酵过程中几乎损失殆尽，维生素 B_2 也有大量的减少，只有沙棘中总黄酮没有损失甚至还有提高。总黄酮含量提高的原因还有待进一步研究。黄酮类物质具有显著增加心脑血管系统功能的作用，有明显的抗心肌缺血作用及抗心律失常作用，对防止冠心病及动脉粥样硬化有较大意义。因此，应最大限度地减少在发酵过程中营养成分的损失，提高沙棘果酒的营养保健价值。

第三节 讨论与结论

一、讨论

1. 增糖对发酵的影响

本试验在研究发酵工艺的单因素试验时，只是研究了酵母菌的接种量、发酵温度、SO_2 添加量及果胶酶加入量 4 个方面的因素，对蔗糖的添加没做相应的添加梯度试验，因为经测定，在纯沙棘汁中总糖只有 5.28% 左右，在发酵时，沙棘发酵液是沙棘汁与水以 1∶1 的比例配合后进行发酵的，此时沙棘发酵液的总糖是根本满足不了果酒所要求的目标酒精度（8%～12%）的，必须添加蔗糖（13.6%～20.4%）以满足发酵的需求。因此，蔗糖是根据发酵过程中产生的酒精度与相应的残糖来确定添加量的。

2. 不同降酸剂对酒质的影响

沙棘汁的酸度较高，发酵结束后发酵醪液中总酸的含量可达 11%～15%（以乙酸计）左右，需进行降酸，但不同的降酸剂对沙棘发酵酒的影响是有一定区别的。$CaCO_3$ 降酸后，对酒的香味及口感影响严重，带有明显的降酸剂味道，后味苦涩，因此在沙棘酒的降酸中不能使用；K_2CO_3 降酸对酒的香味和酒味影响不是很大，但加入过多酒味发苦，可少量加入和其他降酸剂搭配使用；$NaHCO_3$ 降酸对酒味和口感也影响较大，并且降酸效果不是很明显，要达到降酸目的加入量过大，造成酒的后味发苦，因此不能使用；$C_4H_4O_6K_2$ 降酸对酒香味影响不大，只是降酸效果不是很明显，需要和其他降酸剂搭配使用；Na_2CO_3 降酸剂可以明显降低沙棘汁发酵液中酸的含量，对后味影响不明显，可以使用。根据以上试验结果选择了复盐法进行降酸，所采用的复盐法降酸方案为 $C_4H_4O_6K_2$ 和 Na_2CO_3、$C_4H_4O_6K_2$ 和 K_2CO_3 并且在降酸操作时，为防止酒体的不稳定，可先采用单一盐部分降低酸度，然后再采用复盐法达到确定的降酸目标。

3. 感官评定对降酸方案选取的影响

感官评定结果与品酒员有很大的关系，品酒员的品酒经验、对品酒知识的了解深度、文化背景、品酒环境以及品酒员的情绪都会对品酒造成很大影响，本试验的品评结论只是一家之言。

4. 不同澄清方案的澄清效果

①使用离心机进行离心澄清，透光率为 58.99% 左右，酒体略带浑浊，与国标要求相差较大，且耗能大，使成本增加，因此，在沙棘发酵酒的澄清中不宜使用。

②从硅藻土和壳聚糖联合澄清试验可以看出，使用单一的硅藻土过滤效果优于联合澄清效果，且能减少成本，壳聚糖的澄清效果不是很明显可能是与沙棘汁的特殊性质有关，需进一步研究。

③利用真空过滤装置对沙棘发酵醪液进行澄清，透光率可达 90% 以上，且酒体澄清透明，有光泽，无明显悬浮物，符合国家标准要求，是这些方法中效果最为明显的，并且硅藻土可以重复利用，相应的节约了成本。

二、结论

本试验对 6 株酵母菌株（FB - 1、FB - 2、FS - 3、C4 - 2、C2 - 2、S2-1）进行发酵性能的测定，得出菌株 C2-2 较为适合沙棘汁发酵，其中在 CO_2 失重试验中，失重量最大且产酒精度数最高；凝聚性试验中，本斯值是 2.5，为强凝聚性；耐酒精能力试验中耐酒精度可达 16%；耐 SO_2 能力试验中耐 SO_2 也为最强，同等条件下产酒精度数最高。

通过研究沙棘酵母菌株 C2-2 的发酵工艺参数（酵母接种量、发酵温度、SO_2 添加量、果胶酶加入量），设计了四因素三水平的正交试验，确定了最佳发酵工艺条件为酵母接种量 15%、发酵温度 22℃、SO_2 的添加量为 80mg/L、果胶酶加入量为 200mg/L、发酵中蔗糖加入量为 17%、发酵时间为 10~15d。

利用不同的降酸剂对发酵醪液进行降酸处理，最后确定的降酸方案为复盐法降酸，确定适合沙棘发酵醪液的降酸方案有 3 种。$C_4H_4O_6K_2$ 与 K_2CO_3 配比为 7：3，降酸目标为 6g/L；$C_4H_4O_6K_2$ 与 Na_2CO_3 配比为 7：3，降酸目标为 7g/L；$C_4H_4O_6K_2$ 与 Na_2CO_3 配比为 9：1，降酸目标为 8g/L，3 种方案各具不同特色。

利用不同的澄清方法对发酵醪液进行澄清处理，确定的澄清处理方案为装填硅藻土柱子，利用真空过滤装置对沙棘发酵醪液进行抽滤，透光率可达 90% 以上。

发酵结束后测定发酵产品酒精度为 11.54%，残糖为 0.256%。

第五章 沙棘干红及沙棘复合果酒的研究

第一节 沙棘干红果酒

一、材料与方法

（一）材料

1. 材料及菌种

（1）沙棘果

采摘于内蒙古自治区呼和浩特市和林格尔县境内的野生沙棘果林。

（2）菌种来源

野生沙棘果表皮分离筛选出的一株优良酵母菌株 FB1#-2006。

2. 主要试剂

优级白砂糖，固体 NaOH、无水乙醇、$CaCO_3$、K_2CO_3、$C_4H_4O_6K_2$，试剂均为分析纯。铜试剂，砷钼酸试剂，6mol/L HCl 溶液，6mol/L NaOH 溶液，基准邻苯二甲酸氢钾，酚酞指示剂等。

①麦汁液体培养基。麦芽浸粉 30g，蒸馏水 1L，pH 值为 2.0。

②灭菌条件。121℃，保温 20min。

③麦汁固体培养基。麦芽浸粉 20g，琼脂 15g，蒸馏水 1L，pH 值为 4.8。

④灭菌条件。121℃，保温 20min。

（二）方法

1. 沙棘干红酒的酿造

（1）菌种的扩大培养

将菌种 FB1#-2006 无菌接入已灭菌的麦汁液体培养基中，25℃培养，摇床转速为 80~100r/min，培养 12h，备用。

（2）沙棘干红酒的发酵

本工艺采用沙棘干红发酵工艺优化后的方案，即先果汁和皮渣共同发酵，后纯汁发酵。工艺流程：沙棘果→洗涤→破碎→加糖加水→接入菌种→发酵→滤去沙棘果皮→继续发酵→后熟→原酒。

发酵过程：将沙棘鲜果用清水洗净，碾碎后倒入 10L 的下口瓶中，并向其中添加 11%白砂糖，再加入等体积的蒸馏水，摇匀，接入 10%已扩培好的菌种液，摇匀后静置，于 25℃发酵。3d 后滤去沙棘果皮，沙棘汁继续发酵 9d。进入后发酵阶段，将下口瓶放入冰柜，温度控制在 4℃左右，维持 15d。在发酵过程中，于接种前、滤去果皮后、进入后发酵前分别取样留作检验。

（3）沙棘干红原酒

经过上述方法发酵后，酒醅完全下沉，酒体清亮有光泽、酒香浓郁并具有沙棘果独特风味时，分去残渣和酵母，得到沙棘干红原酒。

2. 沙棘干红酒的指标检测

（1）发酵液总糖的测定

采用砷钼酸试剂比色测定法，具体方法如下。

①标准葡萄糖溶液制备。准确称取经电热恒温鼓风干燥箱烘干至恒重的葡萄糖 100mg 于 100mL 容量瓶中用水溶解并定容，即为贮备液（可加几滴苯或苯甲酸钠防腐）。取贮备液 5mL 于 50mL 容量瓶中定容，即为标准葡萄糖溶液（100μg/mL）。

②葡萄糖标准曲线制备。取 6 支干燥具塞试管，分别加入 0、0.2mL、0.4mL、0.6mL、0.8mL、1.0mL 葡萄糖标准工作液（100μg/mL），均加水至 2mL，再加入铜试剂 1mL，塞紧瓶塞。放在沸水浴中煮沸 15min，取出冷却至室温，加 1mL 砷钼酸试剂，以蒸馏水稀释至 10mL，混匀。在 560nm 下用 1cm 比色杯测定光密度，以各管光密度为纵坐标，葡萄糖浓度为横坐标，绘制葡萄糖标准曲线（图 5-1 和表 5-1）。

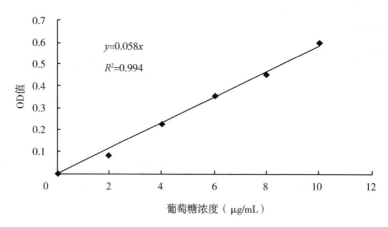

$y=0.058x$

$R^2=0.994$

图 5-1　葡萄糖测定标准曲线

表 5-1　葡萄糖标准曲线相关数据

指标	1 号	2 号	3 号	4 号	5 号	6 号
葡萄糖浓度（μg/mL）	0	2	4	6	8	10
OD 值	0	0.085	0.225	0.357	0.455	0.6

　　③总糖的测定。分别用移液管取 4.8-2、4.11-2、4.24-2 管中沙棘汁各 0.5mL 于 3 个 100mL 的容量瓶中，分别标记 A，B，C。各加入 10mL 蒸馏水和 10mL 6mol/L 的 HCl 溶液，沸水浴煮沸 120min，冷却后用 10mL 6mol/L NaOH 溶液调中性并定容。取 A 样 150μL、300μL，B 样 150μL、300μL，C 样 300μL、600μL 放入不同的具塞试管中，分别标记 A1、A2、B1、B2、C1、C2。均加水至 2mL，再加铜试剂 1mL，塞上试管塞，放在沸水浴中煮沸 15min，取出冷却至室温。加 1mL 砷钼酸试剂，以蒸馏水稀释至 10mL，混匀，在 560nm 下用 1cm 比色杯测定样品液光密度。根据葡萄糖标准曲线得出相应的单糖量。相关数据及计算结果见表 5-2。

表 5-2　样品总糖测定相关数据及计算结果

样品	试管样品	取样体积（μL）	OD 值	取样样品糖含量（μg）	容量瓶体积（μL）	样品总糖（%）
样品 A	A1	150	0.442	75.659 02	100	10.09
	A2	300	0.853	146.011 6	100	9.73

（续表）

样品	试管样品	取样体积（μL）	OD值	取样样品糖含量（μg）	容量瓶体积（μL）	样品总糖（%）
样品 B	B1	150	0.351	60.082 16	100	8.01
	B2	300	0.721	123.416 6	100	8.23
样品 C	C1	300	0.035	5.991 099	100	0.40
	C2	600	0.078	13.351 59	100	0.45

计算公式：

$$m = F9 \times G9 \div D9 \times 1\,000 \div 1\,000 \div 0.5 \div 10$$

$$样品中总糖(\%) = \frac{Y}{W} \times 100 \times \frac{1}{1\,000} \times \frac{1}{1\,000} \times 0.90 \times 100 = \frac{0.90Y}{100W}$$

（2）发酵液总酸的测定

采用电位滴定法测定，具体方法如下。

①NaOH 溶液的标定。

0.2mol/L NaOH 溶液的配制：称取 4g 固体 NaOH，用蒸馏水溶解并稀释至 500mL。

标定：称取预先于 108℃ 电热恒温鼓风干燥箱烘至恒重的基准邻苯二甲酸氢钾 0.528 4g 和 0.511 8g，加入 100mL 蒸馏水，加 2 滴酚酞指示剂，用配好的 NaOH 溶液滴定至呈粉红色，30s 不褪色，同时进行空白试验。

计算公式如下：

$$c_{\text{NaOH}}(\text{mol/L}) = \frac{m}{0.2042 \times (V - V_0)}$$

式中，m 为邻苯二甲酸氢钾的质量，单位为 g；V 为消耗 NaOH 溶液的体积，单位为 mL；V_0 为空白试验消耗 NaOH 溶液的体积，单位为 mL；0.204 2 为消耗 1mL 1mol/L NaOH 标准溶液相当于邻苯二甲酸氢钾的质量，单位为 g/mmol。

②电位滴定法测定总酸。

原理：试样用标定好的 NaOH 溶液滴定以酸度计显示 pH 值 8.3 为终点，根据 NaOH 的用量计算试样以主体酸表示的滴定酸。

测定步骤：按仪器使用说明书安装并校正仪器，使其斜率在 95%~105% 方可进行样品测定。

用移液管吸取冰箱冷冻保存并平衡至室温的 4.8−2，4.11−2，4.23−2

以及发酵瓶中沙棘汁各 10mL 于 4 个 200mL 的烧杯中，加入约 100mL 的蒸馏水，插入电极，放入一枚转子，置于磁力搅拌器上，用标定好的 NaOH 溶液边搅拌边滴定（可以加酚酞指示剂 2 滴，观察颜色变化）。开始时滴定速度可稍快，当溶液 pH 值达到 8.0 后，放慢滴定速度，每次滴加半滴溶液直至 pH 值 8.3 为其终点。记下精确 pH 值与 NaOH 标准溶液消耗体积。

③计算。总酸（以酒石酸计，g/L）$= \dfrac{c \times (V - V_0)f \times 1\,000}{V_1}$

式中，c 为 NaOH 标准溶液的浓度，单位为 mol/L；V_0 为空白试验消耗 NaOH 标准溶液的体积，单位为 mL；V 为样品滴定消耗 NaOH 标准溶液的体积，单位为 mL；V_1 为吸取样品的体积，mL；f 为消耗 1mL 1mol/L NaOH 标准溶液相当于酒石酸的克数。

④讨论。滴定终点的 pH 值，不同方法有不同的规定，国标法一般为 pH 值 7.0，本方法以 pH 值 8.3 为滴定终点，能较好地与酚酞指示剂的变色点相符合。为了以后对沙棘汁滴定终点做进一步研究，记下了 pH 值 7.0、pH 值 8.0、pH 值 8.3、pH 值 9.0 的相应 NaOH 标准溶液消耗体积。采用电位滴定法主要因为沙棘汁颜色为橙黄色，通过指示剂法很难辨别滴定终点。

（3）发酵液酒精度的测定

采用气相色谱法测定。原理：样品在气相色谱仪中通过色谱柱时，乙醇与其他组分分离，利用氢火焰离子化检测器检测。

①试样的制备。分别取各种沙棘汁样品 100μL 置于 1.5mL 离心管中，分别加入 400μL 蒸馏水，混匀。于 4 000r/min 离心机离心 15min。每管做 1 个平行。

②色谱条件。色谱柱，柱长 2m、内径 3mm、不锈钢柱，固定相为 15% 的邻苯二甲酸二壬酯与 5% 的吐温-80 混合固定液，担体是 *Chromosorb HP*。柱温 100℃；气化室和检测器温度 150℃。载气流量（氮气）40mL/min，空气流量 500mL/min，氢气流量 50mL/min。

③标准曲线的制备。用 6 个 100mL 容量瓶分别吸取 0.4mL、0.8mL、1.2mL、1.6mL、2.0mL、2.4mL 无水乙醇，分别加水定容至 100mL，混匀。分别吸取 0.3μL 各容量瓶中的乙醇标准溶液，注入色谱仪，记录图谱。以乙醇峰面积和酒精浓度做标准曲线（图 5-2 和表 5-3）。

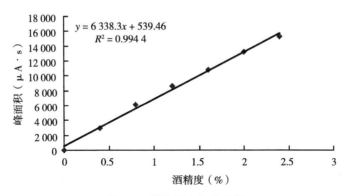

图 5-2　酒精测定标准曲线

表 5-3　酒精测定标准曲线相关数据

指标	1 号	2 号	3 号	4 号	5 号	6 号
酒精度（%）	0.4	0.8	1.2	1.6	2.0	2.4
峰面积（μA·s）	2 998	6 082	8 666	10 773	13 203	15 296

④试样的测定。吸取 0.3μL 的试样，按标准曲线的制备操作条件测定各样品中乙醇峰面积（表 5-4）。

⑤计算。用试样组分峰面积查标准曲线得出的值取平均值，乘以稀释倍数，即为酒样中的酒精含量（表 5-4）。

表 5-4　酒样酒精度测定相关数据

指标	4.8-2	4.11-2	4.23-2	4.29-2
峰面积（μA·s）1	1 168	2 872	10 258	10 861
峰面积 2（μA·s）	1 178	2 889	10 291	10 925
待测酒精度 1（%）	0.099 165	0.368 007	1.533 304	1.628 44
待测酒精度 2（%）	0.100 743	0.370 689	1.538 51	1.638 537
样品酒精度（%）	0.499 77	1.846 74	7.679 535	8.167 443

3. 沙棘干红酒的降酸试验

（1）降酸方案

①化学降酸。从下口瓶中取样分装到若干干净品酒杯中，各 30mL。分

别进行以下处理。

按每升酒样分别加入 2.0g、4.0g、6.0g、7.0g 的 $CaCO_3$。

按每升酒样分别加入 1.0g，2.0g 的 K_2CO_3。

按每升酒样分别加入 K_2CO_3、$C_4H_4O_6K_2$ 试剂，加入量分别为 1.0g、8.0g，1.0g、9.0g，1.0g、10.0g，1.0g、11.0g，1.0g、12.0g。

按每升酒样分别加入 $CaCO_3$、K_2CO_3、$C_4H_4O_6K_2$ 试剂，加入量分别为 1.0g、1.0g、8.0g，1.0g、1.0g、9.0g，1.0g、1.0g、10.0g，1.0g、1.0g、11.0g。

同时进行空白试验。

以上每个处理做 3 个平行样。采用分步降酸。先加 $CaCO_3$ 降酸处理，并于 -4.5℃冷藏 4d。过滤沉淀后，再加 K_2CO_3、$C_4H_4O_6K_2$ 试剂降酸处理。将所有处理的酒样用保鲜膜封好，防止风味物质散失，进行冷处理后检测各处理酒样总酸含量。之后对平行样进行热处理。

②冷处理。先以不同剂量的 $CaCO_3$、K_2CO_3、$C_4H_4O_6K_2$ 试剂对沙棘酒进行降酸处理后，分别进行冷处理，即把各种处理后的酒样放在冰柜中于-4.5℃冷藏 1 周澄清。然后过滤并于低温静置 24h，观察其沉淀情况，判定酒的稳定性。

③热处理。将平行样分装于不同试管中，用保鲜膜封口后于 75℃水浴锅加热 20min 后，常温放置 24h。观察其沉淀情况，判定酒的稳定性。

（2）嗜好型感官评定

在本试验中，嗜好型感官评定主要用于勾兑方案的确定。选取 10 名评审员，采用问卷方式，按顺序法（Ranking method）对不同的降酸方案进行嗜好型感官评定。对所有处理样品进行评价后，写出自己喜欢的顺序。试验代号采用随机的两位数字，供试条件相同。为了消除品尝顺序带来的影响，品尝时酒样采用随机摆放的方法。

4. 沙棘干红酒的沉淀、澄清与勾兑

（1）发酵液的沉降与澄清

降酸与冷处理后，再进行 5d 沉淀与澄清，去除沉淀得澄清亮丽的沙棘干红酒。仍用 500mL 试剂瓶分装，继续在冰柜 4℃冷藏。

（2）勾兑成酒

使用冷藏分装沙棘干红酒进行勾兑。

二、试验结果

(一) 沙棘干红酒各项指标检测结果

1. 发酵液总糖的测定结果

发酵液总糖的测定结果见表5-5。

表5-5 样品总糖测定相关数据及计算结果

样品	取样体积（μL）	OD值	样品总糖（%）
接种前取样样品	150	0.676	15.43
去果皮后取样样品	150	0.451	10.29
后发酵前取样样品	600	0.078	0.45

2. 发酵液总酸的测定结果

发酵液总酸的测定结果见表5-6。

表5-6 样品总酸测定相关数据

指标	接种前样品	去果皮后样品	后发酵前样品	下口瓶样品
NaOH标准溶液消耗体积（mL）	8.62	9.67	9.41	9.71
样品总酸含量（g/L）	14.23	15.57	15.15	15.60

3. 发酵液酒精度的测定结果

发酵液酒精度的测定结果见表5-7。

表5-7 酒样酒精度测定相关数据

指标	接种前样品	去果皮后样品	后发酵前样品	下口瓶样品
峰面积	1 173	2 881	10 275	10 893
样品酒精度（%）	0.5	1.9	7.7	8.2

(二) 降酸处理及嗜好型感官评定结果

降酸处理及嗜好型感官评定结果见表5-8至表5-11。

表5-8 $CaCO_3$的降酸效果对沙棘干红酒的影响

指标	Ca_2CO_3用量（g/L）			
	2.0	4.0	6.0	7.0
总酸（g/L）	13.03	9.57	7.26	7.20

（续表）

指标	Ca_2CO_3 用量（g/L）			
	2.0	4.0	6.0	7.0
冷处理	–	–	–	–
热处理放置24h	+	+ +	+ +	+ +
香气与口感	香气好，无异味	香气差，有石灰怪味	香气差，有较浓石灰怪味	香气差，有较浓石灰怪味

注：–，没有沉淀；±，有微量沉淀；+，有少量沉淀；++，有大量沉淀。表5-9、表5-10、表5-11同。

表 5-9 K_2CO_3 的降酸效果对沙棘干红酒的影响

指标	K_2CO_3 用量（g/L）	
	1.0	2.0
总酸（g/L）	14.94	13.92
冷处理	–	–
热处理放置24h	–	–
香气与口感	香气较浓，无异味	苦涩味重，有刺喉感

表 5-10 K_2CO_3 与 $C_4H_4O_6K_2$ 联合降酸效果对沙棘干红酒的影响

指标	K_2CO_3 用量（g/L）				
	1.0	1.0	1.0	1.0	1.0
$C_4H_4O_6K_2$ 用量（g/L）	8.0	9.0	10.0	11.0	12.0
总酸（g/L）	11.87	11.84	11.39	10.88	10.81
冷处理	–	–	–	–	–
热处理放置24h	±	±	±	±	±
香气与口感	香气较浓，较酸	香气较浓，较酸	香气好，酸涩感下降	香气好，口感较柔和，酸涩感协调	香气好，口感较柔和，酸涩感协调

表 5-11 先 $CaCO_3$ 再 K_2CO_3 与 $C_4H_4O_6K_2$ 联合降酸效果对沙棘干红酒的影响

指标	$CaCO_3$ 用量（g/L）			
	1.0	1.0	1.0	1.0
K_2CO_3 用量（g/L）	1.0	1.0	1.0	1.0
$C_4H_4O_6K_2$ 用量（g/L）	8.0	9.0	10.0	11.0

（续表）

指标	CaCO₃ 用量 （g/L）			
	1.0	1.0	1.0	1.0
总酸（g/L）	10.94	10.67	10.53	10.24
冷处理	−	−	−	−
热处理放置24h	±	±	±	±
香气与口感	香气较浓，酸涩感下降	香气好，口感较柔和，酸涩感协调	香气好，口感较柔和，酸涩感协调	香气好，口感柔和，酸涩感协调

（三）最佳降酸方案

通过降酸试验得出的结果证明：采用两种方法作为最佳降酸方案。方法一为用 1.0g/L K_2CO_3 与 11.0~12.0g/L $C_4H_4O_6K_2$ 联合降酸；方法二为先用 1.0g/L $CaCO_3$ 降酸，再加 1.0g/L K_2CO_3 与 10.0~11.0g/L $C_4H_4O_6K_2$ 联合降酸。两种方法降酸香气好，口感柔和，酸涩感协调。将沙棘干红原酒用 500mL 试剂瓶分装，进行最佳降酸处理以及冷处理。

（四）成酒质量分析结果

1. 感官指标

酒体呈亮丽的橘黄色，澄清有光泽，酸度适中，具有浓郁的沙棘果清香，回味愉快，无其他异味，无杂质及悬浮物。

2. 理化指标

总糖（以葡萄糖计）：4.5g/L。

酒精度：12%。

总酸度（以酒石酸计）：10.24g/L。

3. 卫生指标

该沙棘酒中菌落总数<10 个/mL，大肠杆菌<3 个/mL，致病菌均未检出。符合发酵酒卫生标准 GB 2758—2012 中对果酒的规定（菌落总数≤50 个/mL，大肠杆菌总数≤3 个/mL，肠道致病菌均不得检出）。

三、分析与讨论

1. 发酵条件的选择

本试验的发酵条件确定为沙棘汁用量 50%、添加糖 11%、酵母接种量 10%、发酵温度 25℃、发酵时间 12d。

沙棘果汁酸度很高，供酵母发酵所需碳源缺乏，本试验将优质白砂糖加入沙棘果汁中，即为发酵提供充足的碳源。同时由于沙棘果汁本身具有较高的原始酸度并且发酵温度较低，可有效防止腐败菌及产酸菌繁殖，抑制了酸败的发生，使发酵能够正常进行，保证了产品的质量。本试验使用沙棘果表面分离的单一酵母菌株 FB1#-2006 作为菌种发酵，避免了采用葡萄酒酵母的驯化过程。试验证明，该菌株耐酸能力强，发酵力旺盛，周期短，糖转化完全，且发酵液有特殊沙棘果香。

2. 测定发酵液总酸终点 pH 值的确定

滴定终点的 pH 值，不同方法有不同的规定，本方法以 pH 值 8.3 为滴定终点，能较好地与酚酞指示剂的变色点相符合。为了以后对沙棘汁 pH 值滴定终点做进一步研究，分别记下了 pH 值为 7.0、8.0、8.3、9.0 时相应消耗 NaOH 标准溶液的体积。采用电位滴定法，主要因为沙棘汁颜色为橙黄色，通过指示剂法很难辨别滴定终点。

3. 降酸方法的确定

一般化学降酸试剂包括 $CaCO_3$、K_2CO_3、$KHCO_3$、$C_4H_4O_6K_2$。其降酸原理为 $CaCO_3$ 与酒石酸、柠檬酸、苹果酸分别作用生成酒石酸钙、柠檬酸钙（微溶性钙盐）和苹果酸钙（可溶性钙盐）；K_2CO_3 与有机酸作用生成有机酸氢钾和有机酸钾。$C_4H_4O_6K_2$ 与酒石酸反应生成酒石酸氢钾。

在一般果酒降酸处理中，上述化学试剂的降酸能力及特点各不相同。

用 $CaCO_3$ 降酸，在理论上每降低 1g 酸（以酒石酸计）需加入 $CaCO_3$ 0.67g/L。

其价格低廉，降酸效果好。但降酸后酒体表现不稳定，热处理和常温贮藏 1 个月后出现白色沉淀物，分析沉淀物为柠檬酸钙沉淀。柠檬酸钙在水中溶解度较小，在酒中溶解度更小，其溶解度随温度升高、pH 值增大而降低。

用 K_2CO_3 降酸，理论上每降低 1g 酸（以酒石酸计）需加入 K_2CO_3 0.62g/L。

其特点是降酸效果好，冷、热处理和常温贮藏都不出现沉淀。但当 K_2CO_3 加入量超过 1g/L 时，酒体会产生苦涩味，并有灼口刺喉感。可能是因为随 K_2CO_3 的加入，K^+ 含量增加，造成单一离子含量过高。

用 $KHCO_3$ 降酸，理论上每降 1g 酸需加入 $KHCO_3$ 0.87g/L，其他特性基本与 K_2CO_3 相同。

用 $C_4H_4O_6K_2$ 降酸，理论上每降 1g 酸需加入 $C_4H_4O_6K_2$ 1.507g/L。降酸后酒的酸涩感降低，味正，柔和。冷热处理和常温贮藏后，酒体都较稳定。但它主要对降酒石酸有作用，对其他酸影响不大，而且用量较大，成本较高。

对沙棘酒降酸，需要考虑多方面的因素。由于苹果酸含量较高，所以试验应尽量采用有利于苹果酸降低的方法。资料显示，低温冷冻法效果最好，化学试剂中 K_2CO_3 和 $C_4H_4O_6K_2$ 效果较好。采用 $CaCO_3$ 降酸虽然降酸效果明显，但影响沙棘干红酒的稳定性，而且严重影响酒的香气与口感；用 K_2CO_3 降酸其用量不能超 1.0g/L，否则增加苦涩味，而且远达不到预期降酸效果；本试验通过用 $CaCO_3$、K_2CO_3、$C_4H_4O_6K_2$ 试剂对沙棘酒进行各种降酸方案处理结合低温冷冻方法，最终从酒的品质、稳定性、香气等方面综合考虑，确定最佳降酸方案。

通过降酸试验，用 1.0g/L K_2CO_3 与 11.0~12.0 g/L $C_4H_4O_6K_2$ 联合降酸和先用 1.0g/L $CaCO_3$ 降酸再加 1.0g/L K_2CO_3 与 10.0~11.0 g/L $C_4H_4O_6K_2$ 联合降酸的方法降酸效果好，这两种方法不仅使沙棘干红酒的酸度达到理想状态，而且酒的稳定性、香气、口感都比较令人满意。

四、结论

笔者研究团队以野生沙棘为原料，在野生沙棘果酵母菌发酵特性研究的基础上，利用沙棘果表面提取的单一酵母菌株 FB1#-2006 发酵生产沙棘干红酒。经降酸处理和沉淀澄清后，能够酿制出较为理想的沙棘干红酒。沙棘干红酒的研制不仅适应了国家大力发展低度酒市场的趋势，而且该产品是经微生物发酵的营养型保健酒，其酒中除含有大量的人体所必需的常量、微量元素外，沙棘果内生物活性物质和营养成分在整个酿造过程中几乎不损失，因此具有较好的保健作用和药用价值。通过降酸试验确定的最佳降酸方案，应用于沙棘干红酒的降酸处理不仅改善了酒的品质，而且为沙棘酒的进一步降酸和开发奠定了基础。该沙棘干红酒的研制完全符合国家发酵酒标准和食品标准。通过嗅闻品尝，具有明显的沙棘果香和酒精味，酒体完整，滋味醇和细腻、爽口、酸甜适中。如能进一步完善并形成一定的生产规模，必将促进沙棘产业的进一步发展，成为酒类市场上独具特色的新产品。

第二节　苹果梨-沙棘复合果酒

苹果梨（Pyrus Pyrifolia Nakai）是吉林省的特产，属于秋子梨系统，温带水果体系中的重要品种，是在 1921 年自朝鲜引入，嫁接在当地山梨上栽培发展起来的品种。苹果梨 9 月末 10 月初成熟，果大，耐贮藏。因其外观又被称为中华丑梨，其营养价值丰富，品质优良，有良好的保健功能，可作为功能食品。果体表面带有红色斑点，果形呈扁圆状，形似苹果，故名苹果梨。

我国的苹果梨栽培范围广阔，在东北三省、河北、甘肃、内蒙古、青海、新疆等北方省份均有分布，其栽培的地理范围是东经 80°~132°，北纬 36°~48°，总面积约 3.13 万 hm^2，该梨在北方的生产中有着重要的地位。因其种植能带来良好的经济效益，对土壤的肥沃性要求不高，在我国北部地区种植广泛。

苹果梨的果树抗寒，喜冷凉湿润的气候，果实耐贮藏。苹果梨果实爽口甜美、品质优良、贮藏性强，素有"北方梨中之秀"的美称。

苹果梨的营养成分及营养价值：苹果梨单果平均重 250g，最大果重在 800g 以上，果肉多汁、爽口甜美、石细胞少，含有水分 80%~85%，总酸 0.2%~0.3%，可溶性固形物 11%~13%，还原糖 6%~10%，此外还含有丰富的钙、磷、铁等矿物质和维生素 C、维生素 B_1、维生素 B_2 以及 18 种氨基酸、14 种微量元素等营养物质，其中人体必需的氨基酸和微量元素的含量较高。苹果梨营养丰富，具有生津止渴，止咳化痰、清火清心、润肺、利尿的功效，还能增进食欲、软化血管、止呕止泻助消化，对人体虚弱、津液不足者有很大益处，被营养学家誉为保健食品、功能食品。

本研究以苹果梨和沙棘果为原料，酿制具有两种原料特性的果酒。沙棘和苹果梨都具有丰富的营养成分，由于单独用沙棘汁酿酒其酒液酸度较高，而苹果梨酸度低，还原糖含量相对较高，在沙棘汁中加入适量的苹果梨汁，一方面可减少调整糖度时的补糖量，另一方面可降低发酵后果酒的酸度，节省降酸剂的用量，且不影响沙棘的风味。

一、材料与方法

（一）材料

（1）试验菌种

C2-2，实验室自野生沙棘果分离筛选获得。

（2）主要原料

沙棘（采自内蒙古自治区呼和浩特市武川县），苹果梨，市售。

（3）主要培养基

①营养型琼脂培养基。1%酵母粉，2%蛋白胨，2%葡萄糖，1.5%~2% 琼脂。

②液体培养基。1%酵母粉，2%蛋白胨，2%葡萄糖。

③发酵原料液。沙棘原汁和苹果梨汁混合液。

（4）主要药品及试剂

无水葡萄糖	分析纯	天津市登科化学试剂有限公司
蔗糖	分析纯	天津永晟精细化工有限公司
氢氧化钠	分析纯	天津永晟精细化工有限公司
碳酸钾	分析纯	天津市科盟化工工贸有限公司
碳酸钠	分析纯	天津市科盟化工工贸有限公司
碳酸氢钠	分析纯	天津市科盟化工工贸有限公司
碳酸钙	分析纯	天津市科盟化工工贸有限公司
酒石酸钾	分析纯	天津市化学试剂三厂
草酸	分析纯	国药集团化学试剂有限公司
硝酸铝	分析纯	天津市风船化学试剂科技有限公司
亚硝酸钠	分析纯	天津市风船化学试剂科技有限公司
无水亚硫酸钠	分析纯	天津市风船化学试剂科技有限公司
次甲基蓝	化学纯	天津市福晨化学试剂厂
抗坏血酸	分析纯	天津市风船化学试剂科技有限公司
2,6-二氯靛酚钠盐水合物	分析纯	阿法埃莎（天津）化学有限公司
皂土	化学纯	上海试四赫维化工有限公司
无水乙醇	分析纯	天津市风船化学试剂科技有限公司
盐酸	分析纯	天津市风船化学试剂科技有限公司
明胶	分析纯	广东环凯微生物科技有限公司
PVPP 交联聚乙烯吡咯烷酮（PVPP）	分析纯	广东环凯微生物科技有限公司
酵母粉	分析纯	广东环凯微生物科技有限公司
蛋白胨	分析纯	广东环凯微生物科技有限公司
琼脂	分析纯	广东环凯微生物科技有限公司

（5）主要仪器设备

高压自动灭菌锅	日本 Hirayama 公司
HPY-92 恒温培养摇床	上海跃进医疗器械有限公司
电热恒温培养箱	上海跃进医疗器械有限公司
SHZ-C 水浴恒温振荡器	上海跃进医疗器械有限公司
SW-CJ-2FD（标准型）双人单面垂直净化工作台	苏州智净净化设备有限公司
PB-10 型 pH 计	赛多利斯科学仪器（北京）有限公司
烘箱	上海精宏实验设备有限公司
T6 新世纪紫外-可见分光光度计	北京普析通用仪器有限责任公司
电热恒温水浴锅	济南精诚实验仪器有限公司
台式离心机	德国 Eppendorf 公司

| 旋涡振荡器 | 江苏海门麒麟医用仪器厂 |
| 电子分析天平 | 德国 Sartorius 公司 |

（二）方法

1. 苹果梨和沙棘相关成分测定

苹果梨和沙棘相关成分测定结果见表5-12。

表5-12　苹果梨和沙棘成分

成分	苹果梨	沙棘
总糖（%）	10	4.8
还原糖（%）	9	5.1
总酸（以酒石酸计）（g/L）	3.86	24.34
总黄酮（mg/100g）	—	167.13
维生素C（mg/100g）	3.4	895.6

2. 苹果梨-沙棘复合果酒的工艺流程

苹果梨-沙棘复合果酒的工艺流程见图5-3。

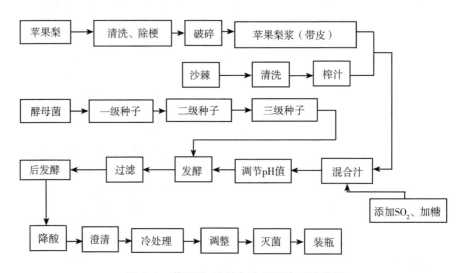

图5-3　苹果梨-沙棘复合果酒的工艺流程

3. 苹果梨-沙棘复合果酒的工艺要点

①原料。收购新鲜的苹果梨和沙棘果。

②挑选分级。选成熟度好的果实，除去烂果、果梗等。

③苹果梨在破碎打浆过程中要适时添加配置好的亚硫酸钠溶液，以减弱苹果梨汁的褐变，添加量为 40mg/L。

④添加白砂糖使其糖度达到 22%。

⑤pH 值调至 3.8 以下，使其具有一定的抑菌作用，在 25℃温度条件下进行发酵。

⑥发酵液降糖达到 4g/L 以下后，温度降至 15℃以下，使酵母及果渣沉淀完全。

⑦发酵结束后，满罐贮存，液面淋撒少量的食用酒精，防止杂菌和氧气与酒液接触。

⑧发酵后的调整酒液可在低温下处理以加速酒石酸盐类的沉淀，增强酒液的稳定性，酒液经酸度、糖度等处理后即得到成品酒。

4. 发酵工艺参数的优化

（1）发酵工艺参数的单因素试验

①沙棘汁与苹果梨汁配比。取 60mL 苹果梨和沙棘的混合汁（初始糖度 12%）于 100mL 三角瓶中。苹果梨与沙棘汁比例分别为 1:1、2:1、3:1、4:1、5:1，Na_2SO_3 添加量为 80mg/L，接入驯化的酵母菌液 10%，每个试验做 2 个平行，放置于 25℃恒温培养箱中培养。发酵结束后，测定发酵醪液中酒精浓度。

②酵母接种量。取 60mL 苹果梨和沙棘的混合汁（初始糖度 8%）于 100mL 三角瓶中。苹果梨与沙棘汁比例为 5:1，Na_2SO_3 添加量为 80mg/L，选取接种量（菌液中活菌数为 $4.5×10^7$ 个/mL）3%、6%、9%、12%、15%，每个试验做 2 个平行，放置于 25℃恒温培养箱中培养。发酵结束后，测定发酵醪液中酒精浓度。

③Na_2SO_3 的添加量。取 60mL 苹果梨和沙棘的混合汁（初始糖度 8%）于 100mL 三角瓶中。苹果梨与沙棘汁比例为 5:1，分别加入 Na_2SO_3 40mg/L、60mg/L、80mg/L、100mg/L、120mg/L，接入驯化的酵母菌液 10%，每个试验做 2 个平行，放置于 25℃恒温培养箱中培养。发酵结束后，测定发酵醪液中酒精浓度。

④发酵温度。取 60mL 苹果梨和沙棘的混合汁（初始糖度 10%）于 100mL 三角瓶中。苹果梨与沙棘汁比例为 3:1，Na_2SO_3 添加量为 80mg/L，接入驯化的酵母菌液 10%，分别在 16℃、18℃、22℃、25℃、28℃温度条件下发酵，每个试验做 2 个平行。发酵结束后，测定发酵醪液中酒精浓度。

⑤pH 值。取 60mL 苹果梨和沙棘的混合汁（初始糖度 8%）于 100mL 三角瓶中。苹果梨与沙棘汁比例为 5∶1，Na_2SO_3 添加量为 80mg/L，选取 pH 值为 1、2、3、4、5，接入驯化的酵母菌液 10%，每个试验做 2 个平行，放置于 25℃恒温培养箱中培养。发酵结束后，测定发酵醪液中酒精浓度。

⑥初始糖度。取 60mL 苹果梨和沙棘的混合汁于 100mL 三角瓶中。苹果梨与沙棘汁比例为 5∶1，Na_2SO_3 添加量为 80mg/L，调整糖度分别为 10%、15%、20%、22%、25%的葡萄糖，接入驯化的酵母菌液 10%，每个试验做 2 个平行，放置于 25℃恒温培养箱中培养。发酵结束后，测定发酵醪液中酒精浓度。

（2）发酵工艺参数的正交试验

在以上单因素试验的基础上，设计正交试验方案。取苹果梨与沙棘混合汁 60mL，苹果梨与沙棘汁比例为 3∶1，Na_2SO_3 添加量为 40mg/L，对发酵温度（A）、初始糖度（B）、酵母接种量（C）、pH 值（D）进行综合研究，选用 $L_9(3^4)$ 正交表进行四因素三水平正交试验，发酵结束后以酒精度为评价指标（表 5-13）。

表 5-13　条件正交试验的因素和水平

编号	发酵温度（℃） （A）	初始糖度（%） （B）	酵母接种量（%） （C）	pH 值 （D）
1	22	18	8	2.5
2	25	20	9	3
3	28	22	10	3.5

5. 模拟发酵试验

根据优化后的最佳工艺参数组合，即苹果梨汁与沙棘汁体积比例为 3∶1，Na_2SO_2 的添加量为 40mg/L 时，pH 值为 3.5，初始糖度为 22%，温度为 25℃，接种量为 10%（菌液中活菌数为 $4.5×10^7$ 个/mL），按照苹果梨-沙棘复合发酵果酒的工艺流程及操作要点进行 15L 的模拟发酵试验。

6. 发酵醪液的后处理

（1）降酸处理对果酒的影响

以 Na_2CO_3、$CaCO_3$、$NaHCO_3$、K_2CO_3、$C_4H_4O_6K_2$ 对苹果梨-沙棘果酒进行降酸，从酒的品质、稳定性、香气等方面综合考虑，确定苹果梨-沙棘果酒的最佳降酸方法。

①冷处理。-4.5℃冷藏1周后过滤，再冷藏1周。冷处理的目的是加速冷不溶性物质的沉淀析出，提高果酒的稳定性。

②热处理。80℃水浴加热15min后放置12h。酒液经巴氏杀菌，75~80℃时间为15min。沙棘酒中含有蛋白质，蛋白质经热凝聚可沉淀下来，经过滤1次除去。如不经加热处理，保存1年以后絮状沉淀或多或少又开始析出。

（2）澄清处理对果酒的影响

①皂土澄清。取5mL发酵醪液10份于离心管中，分别加入5%的皂土悬浮液0.1mL、0.2mL、0.3mL、0.4mL、0.5mL、0.6mL、0.7mL、0.8mL、0.9mL、1.0mL，摇匀后静置24h后离心测透光率（700nm）。

②明胶澄清。取5mL发酵醪液10份于离心管中，分别加入1%的明胶溶液0.1mL、0.2mL、0.3mL、0.4mL、0.5mL、0.6mL、0.7mL、0.8mL、0.9mL、1.0mL，摇匀后静置24h后离心测透光率（700nm）。

③交联聚乙烯吡咯烷酮（PVPP）澄清。取5mL发酵醪液10份于离心管中，分别加入4%的PVPP悬浮液0.1mL、0.2mL、0.3mL、0.4mL、0.5mL、0.6mL、0.7mL、0.8mL、0.9mL、1.0mL，摇匀后静置24h后离心测透光率（700nm）。

④皂土-明胶澄清。取5mL发酵醪液7份于离心管中，编号，按表5-14分别添加5%皂土和1%明胶溶液，摇匀静置24h后离心测透光率（700nm）。

表5-14　试验分组

组号	处理	1号	2号	3号	4号	5号	6号	7号
1	5%皂土（mL）	0.1	0.1	0.1	0.1	0.1	0.1	0.1
	1%明胶（mL）	0.1	0.2	0.3	0.4	0.5	0.6	0.7
2	5%皂土（mL）	0.2	0.2	0.2	0.2	0.2	0.2	0.2
	1%明胶（mL）	0.1	0.2	0.3	0.4	0.5	0.6	0.7
3	5%皂土（mL）	0.3	0.3	0.3	0.3	0.3	0.3	0.3
	1%明胶（mL）	0.1	0.2	0.3	0.4	0.5	0.6	0.7

7. 发酵过程中黄酮和维生素C的变化

黄酮和维生素C是发酵醪液中主要的营养物质，但在发酵过程中，黄酮和维生素C却会随着发酵的过程而损失，减少了成品酒的营养价值，黄酮的稳定性受温度、酸度、光照等影响，而维生素C稳定性受温度、酸度、氧气等影响。因此，研究影响黄酮和维生素 C 的因素对保持成品酒的营养价值有着重要意义。

（1）影响发酵过程中黄酮含量变化的因素

①温度对黄酮的影响。取 60mL 苹果梨和沙棘的混合汁于 100mL 三角瓶中，接入驯化的酵母菌液 10%，密封，分别在 16℃、18℃、20℃、22℃、24℃、26℃、28℃温度条件下发酵，每个试验做 2 个平行。发酵结束后测定发酵醪液中黄酮的含量。

②酸度对黄酮的影响。取 60mL 苹果梨和沙棘的混合汁于 100mL 三角瓶中，调节 pH 值分别为 3、4、5、6、7、8、9，接入驯化的酵母菌液 10%，密封，放置于 25℃恒温培养箱中培养。发酵结束后，测定发酵醪液中黄酮的含量。

（2）影响发酵过程中维生素 C 含量变化的因素

①温度对维生素 C 的影响。取 60mL 苹果梨和沙棘的混合汁于 100mL 三角瓶中，接入驯化的酵母菌液 10%，密封，分别在 16℃、18℃、20℃、22℃、24℃、26℃、28℃温度条件下发酵，每个试验做 2 个平行。发酵结束后测定发酵醪液中维生素 C 的含量。

②酸度对维生素 C 的影响。取 60mL 苹果梨和沙棘的混合汁于 100mL 三角瓶中，调节 pH 值分别为 3、4、5、6、7、8、9，接入驯化的酵母菌液 10%，密封，放置于 25℃恒温培养箱中培养。发酵结束后，测定发酵醪液中维生素 C 的含量。

③氧气对维生素 C 的影响。分别取 20mL、40mL、60mL、80mL、100mL、120mL、140mL 苹果梨和沙棘的混合汁于 250mL 三角瓶中，接入驯化的酵母菌液 10%，密封，放置于 25℃恒温培养箱中培养。发酵结束后，测定发酵醪液中维生素 C 的含量。

二、结果与分析

（一）发酵工艺参数的优化结果与分析

1. 发酵工艺参数的单因素试验结果与分析

（1）沙棘汁与苹果梨汁配比试验结果

由图 5-4 可以看出，随着梨汁比例的增加，酒精产量呈现出先上升后下降的趋势，梨汁与沙棘汁比值在 1∶1 到 3∶1 时，酒精产量呈上升趋势，随着梨汁比例的继续增加，酒精产量呈下降的趋势，在比例为 3∶1 时酒精产量达到最大。综上所述，在梨汁与沙棘汁的比例为 3∶1 时，酵母菌利用还原糖产生酒精的能力最强，适合用于酒精发酵。

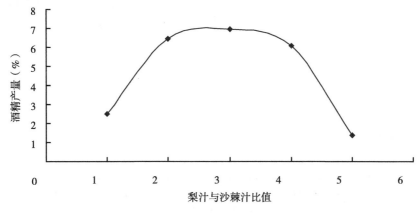

图5-4 不同配比混合汁中的酒精产量

（2）酵母接种量试验结果

从图5-5可以看出，接种量不同，发酵产生酒精的产量也不同。当接种量为9%时，其酒精产量达到最大，接种量偏高或偏低都不利于酒精的产生。由此表明，接种量少，不能充分的利用还原糖产生酒精，而接种量偏多，会引起一个种间竞争的关系，同样无法充分利用还原糖，故适合用于发酵的接种量梯度为8%、9%、10%（菌液中活菌数为$4.5×10^7$个/mL）。

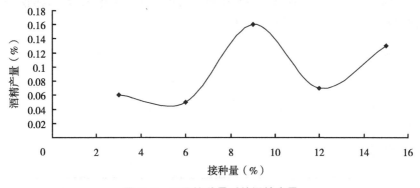

图5-5 不同接种量时的酒精产量

（3）Na_2SO_3的添加量试验结果

从图5-6可以看出，不同Na_2SO_3添加量对酒精的产生有一定影响。在Na_2SO_3添加量为80mg/L、120mg/L时酒精的产量偏低，Na_2SO_3添加量为40mg/L和100mg/L时，酒精产量较高且相差不多。这说明Na_2SO_3添加量在

40mg/L 和 100mg/L 时，酵母菌对还原糖的利用能力最强，产生的酒精多，Na_2SO_3 添加过多对酵母菌的生长和活性有一定的抑制作用。

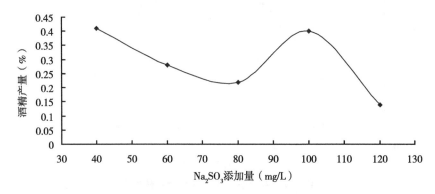

图 5-6　不同 Na_2SO_3 添加量时酒精产量

（4）发酵温度试验结果

由图 5-7 可知，随着发酵温度的升高，酒精产量呈现先升后降的趋势，温度在 16℃ 时酒精生成量远低于 25℃ 时，而后随着温度的升高酒精生成量反而降低。这说明，酵母发酵的最适温度在 25℃ 左右，在过低温度条件下，酵母繁殖和代谢缓慢，酒精产量较低，而温度过高，酵母繁殖能力下降，也很快丧失活力而死亡，且发酵过程中有杂醇的产生，影响风味。故确定正交试验的发酵温度梯度为 22℃、25℃、28℃。

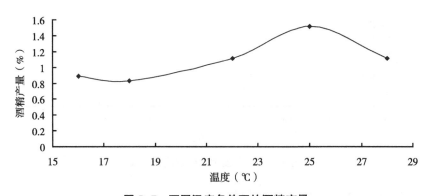

图 5-7　不同温度条件下的酒精产量

（5）pH 值试验结果

由图 5-8 可以看出，pH 值为 1~3，酒精产量有明显的上升趋势，pH 值为 3 时酒精产量达到最大，当 pH 值大于 3 时，随着 pH 值的增大酒精产量呈下降趋势。综上所述，在 pH 值为 3 时，酵母菌的生长代谢最好，既有利于自身生长，又能够保证一定的酒精产量，适合用于酒精发酵。故确定正交试验的 pH 值梯度为 2、3、4。

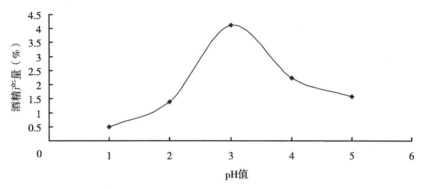

图 5-8　不同 pH 值条件下的酒精产量

（6）初始糖度试验结果

由图 5-9 可以看出，初始糖度在 10%～20% 时，初始糖度越高酒精度越大，在 20% 达到最大，随着糖度的继续增加，酒精度逐渐降低。这说明在一定的糖度范围内，酒精度随糖度的增加而增大，在初始糖度为 20% 时达到最大，而过高糖度产生的渗透压对酵母活性有抑制作用，所以在糖度超过 20% 时酒精度反而降低。综上所述，正交试验的初始糖度梯度为 18%、20%、22%。

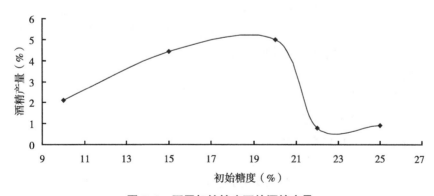

图 5-9　不同初始糖度下的酒精产量

2. 发酵工艺参数的正交试验结果与分析

由表 5-15 看出，以酒精产量为指标时，按极差大小列出各因素由主到次的次序：初始糖度（B）>pH 值（D）>发酵温度（A）>酵母接种量（C），其中初始糖度和 pH 值在 4 个因素中对发酵产酒精的影响为主要因素，取初始糖度为 22%，根据方差分析与显著性分析结果综合得出以下工艺参数。

表 5-15 发酵工艺参数正交试验结果

试验号	A	B	C	D	酒精产量（%）
1	1	1	1	1	4.49
2	1	2	2	2	7.05
3	1	3	3	3	8.14
4	2	1	2	3	6.52
5	2	2	3	1	6.69
6	2	3	1	2	8.21
7	3	1	3	2	6.4
8	3	2	1	3	7.34
9	3	3	2	1	6.71
K1	6.560	5.803	6.680	5.963	
K2	7.140	7.027	6.760	7.220	
K3	6.817	7.687	7.077	7.333	
R	0.580	1.884	0.397	1.370	

发酵的最佳工艺参数为 A2-B3-C3-D3，即初始糖度为 22%、pH 值为 3.5、发酵温度为 25℃、酵母接种量为 10%（菌液中活菌数为 4.5×10^7 个/mL）。利用所选定的最佳发酵工艺参数，设计发酵苹果梨沙棘汁的工艺路线。

（二）发酵醪液的后处理结果与分析

1. 发酵醪液降酸试验结果与分析

（1）K_2CO_3 的降酸试验

K_2CO_3 能有效地降低干红沙棘果酒的酸度，2g/L 的 K_2CO_3 可降酸 1.97g/L，3g/L 的 K_2CO_3 可降酸 3.19g/L（以酒石酸计），由于经过冷、热处理都不产生沉淀，所以对稳定性没有多大的影响，但是如果 K_2CO_3 的加入量大于 1g/L，酒体的苦涩味加重且有刺喉感。所以用 K_2CO_3 降酸时，其用量应该限制在 1g/L 以内（表 5-16）。

表 5-16　K_2CO_3 的降酸效果及对果酒的影响

指标	K_2CO_3 （mL/10mL）			
	0	0.1	0.2	0.3
总酸（g/L）	6.96	6.30	4.99	3.77
降幅（g/L）	—	0.66	1.97	3.19
-4.5℃过滤后冷藏 1 周	—	-	-	-
80℃水浴加热 15min 后放置 12h	—	-	-	-
香气与口感	—	沙棘果味淡，略有苦涩味	沙棘果味淡，苦涩味重，刺喉感	沙棘果味淡，苦涩味重，刺喉感

注：-，无沉淀。所用 K_2CO_3 溶液浓度为 1g/L。

（2）Na_2CO_3 的降酸试验

Na_2CO_3 也可有效地降低果酒中的酸度，且其降酸能力比 K_2CO_3 强（1g/L 的 Na_2CO_3 可降酸 1.4g/L），冷热处理均有良好的稳定性，但加入量较大时，酒体会有一定程度的碱味，且影响酒的色度。因此用 Na_2CO_3 降酸时应注意其用量，最好限制在 1g/L 以下（表 5-17）。

表 5-17　Na_2CO_3 的降酸效果及对果酒的影响

指标	Na_2CO_3 （mL/10mL）			
	0	0.1	0.2	0.3
总酸（g/L）	6.96	6.13	4.16	2.59
降幅（g/L）	—	0.83	2.80	4.37
-4.5℃过滤后冷藏 1 周	—	-	-	-
80℃水浴加热 15min 后放置 12h	—	-	-	-
香气与口感	—	沙棘果味淡，酸涩感较低	沙棘果味淡，微有碱味	沙棘果味淡，碱味重

注：-，无沉淀。所用 Na_2CO_3 溶液浓度为 1g/L。

（3）$NaHCO_3$ 的降酸试验

用 $NaHCO_3$ 对苹果梨-沙棘果酒进行降酸，结果见表 5-18，降低 1g/L 的总酸，$NaHCO_3$ 的用量大于 K_2CO_3、Na_2CO_3（1g/L 的 $NaHCO_3$ 可降酸 0.89g/L），加热和冷冻处理后酒体均表现出良好的稳定性。$KHCO_3$ 和酒石酸反应产生 $C_4H_4O_6K_2$，$C_4H_4O_6K_2$ 又和酒石酸反应产生酒石酸氢钾，利用冷冻技术可以使酒石酸氢钾稳定，但 $KHCO_3$ 会减弱果酒的香气口味和色度。因此，$KHCO_3$ 不宜用于苹果梨-沙棘果酒的降酸。

表 5-18　NaHCO$_3$ 的降酸效果及对果酒的影响

指标	NaHCO$_3$（mL/10mL）			
	0	0.1	0.3	0.5
总酸（g/L）	6.96	6.81	5.63	4.54
降幅（g/L）	—	0.15	1.33	2.42
-4.5℃过滤后冷藏1周	—	-	-	-
80℃水浴加热15min后放置12h	—	-	-	-
香气与口感	—	沙棘果香较差，酸涩感适中	沙棘果香差，酸涩感较低	沙棘果香差，略有碱味

注：-，无沉淀。所用 NaHCO$_3$ 溶液浓度为 1g/L。

（4）CaCO$_3$ 的降酸试验

以 CaCO$_3$ 降低苹果梨-沙棘果酒的酸度，结果见表 5-19，CaCO$_3$ 能有效地降低苹果梨-沙棘果酒的酸度（1g/L 的 CaCO$_3$ 可降酸 1.34g/L），但降酸后酒体不稳定，影响酒的品质。CaCO$_3$ 与果酒中的有机酸反应产生有机酸钙，大多数有机酸钙不易溶解，经过滤后冷处理的酒体稳定性较好，但经过热处理的酒体极不稳定，有沉淀产生。因此，CaCO$_3$ 不适宜作为苹果梨-沙棘果酒的降酸剂。

表 5-19　CaCO$_3$ 的降酸效果及对果酒的影响

指标	CaCO$_3$（g/20mL）			
	0	0.02	0.04	0.06
总酸（g/L）	6.96	6.00	4.29	3.02
降幅（g/L）	—	0.96	2.67	3.94
-4.5℃过滤后冷藏1周	—	-	-	-
80℃水浴加热15min后放置12h	—	+	++	++
香气与口感	—	沙棘果香较差，酸涩感较低	沙棘果香较差，苦涩	无沙棘果香，苦涩，有碱味

注：-，无沉淀；+，有少量沉淀；++，有大量沉淀。

（5）C$_4$H$_4$O$_6$K$_2$ 的降酸试验

用 C$_4$H$_4$O$_6$K$_2$ 对苹果梨-沙棘果酒降酸，见表 5-20，由于 C$_4$H$_4$O$_6$K$_2$ 降酸，主要是降低酒中的酒石酸，对柠檬酸等其他酸的影响不大，因此其降酸能力比 K$_2$CO$_3$、Na$_2$CO$_3$ 以及 CaCO$_3$ 低很多（1g/L 的可降酸 0.12g/L），因此要达到预期的降酸目的，用量很大。利用 C$_4$H$_4$O$_6$K$_2$ 降酸，必须对酒进行冷处理以加速酒石酸盐结晶，有利于酒的澄清和沉淀的分离，而加热可改善果酒风味与口感。

表 5-20 $C_4H_4O_6K_2$ 的降酸效果及对果酒的影响

指标	$C_4H_4O_6K_2$ （g/20mL）			
	0	0.3	0.4	0.5
总酸（g/L）	6.96	6.68	5.18	4.06
降幅（g/L）	—	0.28	1.78	2.90
-4.5℃过滤后冷藏1周	—	-	-	-
80℃水浴加热15min后放置12h	—	-	-	-
香气与口感	—	沙棘果香较浓，酸涩感适中，口感柔和	沙棘果香淡，酸涩感偏低	沙棘果香淡，酸涩感偏低

注：-，无沉淀。

（6）$C_4H_4O_6K_2$ 和 K_2CO_3 的联合降酸

由表 5-21 分析可以看出，如果仅以 $C_4H_4O_6K_2$ 为降酸剂，其用量过大，成本较高，而 K_2CO_3 的降酸能力强，但过量的 K_2CO_3 会增加酒体的苦涩感，其限量为 1g/L。因此，可加入 1g/L 的 K_2CO_3 之后再加入适量的 $C_4H_4O_6K_2$ 以达到降酸目标。结果表明，$C_4H_4O_6K_2$ 和 K_2CO_3 联合降酸，经冷、热处理都表现出良好的稳定性，且口感较好，无异味，其中加入 0.1g/20mL $C_4H_4O_6K_2$，其酒体沙棘果香较浓，酸涩感较低，口感柔和，但并不是最理想的降酸处理，应再适当降低 $C_4H_4O_6K_2$ 的用量，使其酸涩感适中。

表 5-21 $C_4H_4O_6K_2$ 和 K_2CO_3 的联合降酸效果及对果酒的影响

指标	$C_4H_4O_6K_2$ （g/20mL）			
	0	0.1	0.2	0.3
K_2CO_3 （mL/20mL）	0	0.2	0.2	0.2
总酸（g/L）	6.96	6.27	6.21	5.60
降幅（g/L）	—	0.69	0.75	1.36
-4.5℃过滤后冷藏1周	—	-	-	-
80℃水浴加热15min后放置12h	—	-	-	-
香气与口感	—	沙棘果香较浓，酸涩感较低，口感柔和	沙棘果香淡，酸涩感较低	沙棘果香淡，酸涩感低

注：-，无沉淀。

2. 发酵醪液澄清试验结果与分析

（1）皂土澄清试验

由图 5-10 可以看出，随着皂土用量的增加，透光率大致呈现出先升高后降低的趋势，当皂土悬浮液的体积超过 0.9mL 时，透光率趋于稳定，而在皂土用量为 0.5mL 时，透光率达到最大，此时透光率为 77.2%。

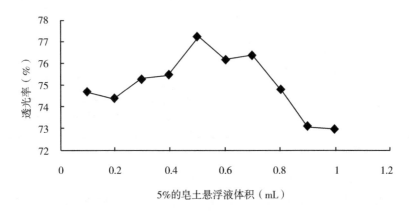

图 5-10 不同皂土添加量对果酒的影响

（2）明胶澄清试验

由图 5-11 可以看出，加入的明胶在 0.1~0.4mL 时，其透光度逐渐增大，而超过 0.4mL 时，其透光率会逐渐减小，在 0.4mL 时达到最大，为 59.1%。

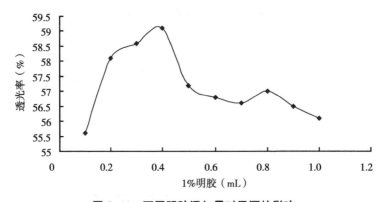

图 5-11 不同明胶添加量对果酒的影响

（3）PVPP 澄清试验

由图 5-12 可知，在一定范围内，透光率随着 PVPP 用量的增加而增大，在 0.5mL 时达到最大，超过 0.5mL 后，其透光率逐渐减小，最大透光率为 78.0%。

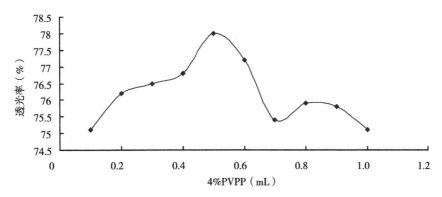

图 5-12　不同的 PVPP 添加量对果酒的影响

（4）皂土-明胶澄清试验

由于每组试验皂土的用量一定，因此由图 5-13 中看出，3 组试验中，透光率随着明胶用量的增加先增大后减小，第一组试验中试管 1-5 的透光率最大，为 79.3%；第二组试验中试管 2-3 的透光率最大，为 78.5%；第三组试验中试管 3-3 的透光率最大，为 78.9%，即当皂土用量为 0.1mL，明胶用量为 0.5mL 时，透光率为 79.3%；皂土用量为 0.2mL，明胶用量为 0.3mL 时，透光率 78.5%；皂土用量为 0.3mL，明胶用量为 0.3mL 时，透光率为 78.9%，因此，皂土-明胶澄清试验中，当皂土和明胶用量分别为 0.1mL 和 0.5mL 时，透光率达到最大为 79.3%。

（三）发酵过程中黄酮和维生素 C 变化的影响因素及测定结果分析

1. 发酵过程中黄酮的变化

由图 5-14 中可以看出，发酵过程中黄酮含量随着时间的增加变化较大，时间越长，黄酮损失的越多，前期黄酮含量急剧下降，从 13~15d 下降速度趋于平稳。

2. 发酵过程中维生素 C 的变化

由图 5-15 可知，发酵使维生素 C 损失极大，由最初的 640μg/mL 降到

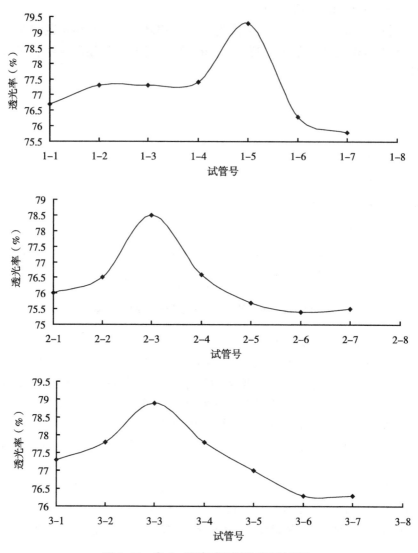

图 5-13　皂土-明胶对果酒透光度的影响

13.55μg/mL，前期急剧下降，在发酵 15d 后其含量基本稳定，但维生素 C 含量已经很少。

3. 发酵过程中黄酮变化的影响因素及测定结果与分析

（1）温度对黄酮的影响

由图 5-16 可以发现，黄酮含量随着温度的增高而缓慢降低，从开始发酵

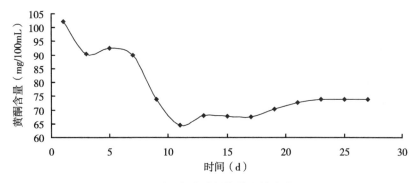

图 5-14 发酵过程中黄酮的变化

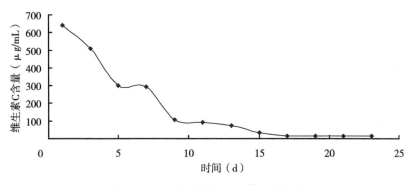

图 5-15 发酵过程中维生素 C 的变化

到结束其降幅较低,说明温度对发酵过程中黄酮的影响较小。其中在 24℃ 时的黄酮含量降至最低,可能是由于酵母在该温度下的旺盛繁殖所引起的。

(2)酸度对黄酮的影响

由图 5-17 可知,发酵过程中黄酮的含量随着 pH 值的增大而减少,pH 值越大,黄酮损失越多,pH 值在 3~4 时,黄酮含量基本不变,比较稳定。

4. 发酵过程中维生素 C 变化的影响因素及测定结果与分析

(1)温度对维生素 C 的影响

由图 5-18 可以看出,发酵过程中维生素 C 随着温度的升高而降低,最后趋于平稳,在 16~18℃ 时变化较大,在 22~28℃ 时,维生素 C 含量差异较小。

(2)酸度对维生素 C 的影响

由图 5-19 可知,pH 值对发酵过程中维生素 C 有一定的影响,pH 值越大,维生素 C 含量越少,pH 值在 2~3 时,维生素 C 含量差别较大,而 pH

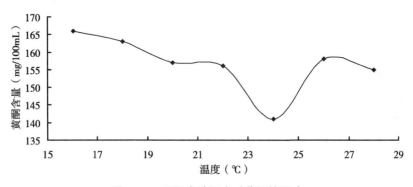

图 5-16　不同发酵温度对黄酮的影响

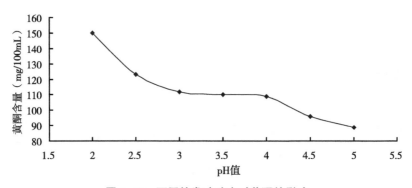

图 5-17　不同的发酵酸度对黄酮的影响

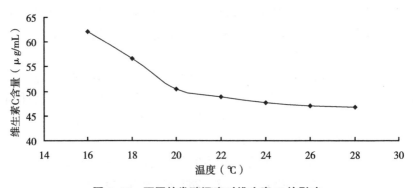

图 5-18　不同的发酵温度对维生素 C 的影响

值在 3~4.5 时没有明显的区别，说明在这个酸度范围内维生素 C 比较稳定。

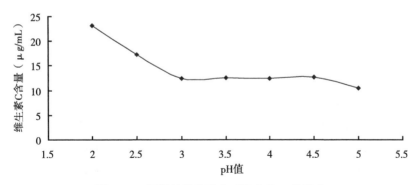

图 5-19　不同的发酵酸度对维生素 C 的影响

（3）氧气对维生素 C 的影响

由图 5-20 可知，发酵过程中氧气对维生素 C 的影响较大，其含量随着混合汁体积的增加而增大，即随着氧气的增加，发酵液中维生素 C 的含量逐渐降低，发酵容器中的剩余空间越小，维生素 C 损失越低。

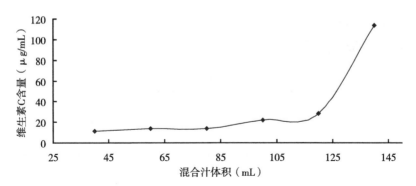

图 5-20　不同的氧气含量对维生素 C 的影响

（四）成品酒的质量指标

1. 感官指标

成品酒感官指标见表 5-22。

表 5-22　感官指标

项目	感官指标
色泽	浅黄色
澄清度	澄清透亮，无悬浮物
滋味	具有苹果梨和沙棘的果香，口味怡人，柔和，无异味
典型性	具有苹果梨和沙棘的果香的典型性，完美协调

2. 理化指标

成品酒理化指标见表5-23。

表5-23　理化指标

项目	指标
总糖（以葡萄糖计，g/L）	1.6
总酸（以酒石酸计，g/L）	6.96
挥发酸（以乙酸计，g/L）	0.6
干浸出物（g/L）	16.5
铁（mg/L）	—
铜（mg/L）	—
酒精度（%）	11
黄酮（mg/100mL）	73.92
维生素C（μg/mL）	13.55

3. 微生物指标

成品酒微生物指标见表5-24。

表5-24　微生物指标

项目	指标
沙门氏菌	未检出
金黄色葡萄球菌	未检出

三、讨论与结论

1. 讨论

本章研究了苹果梨-沙棘复合果酒的发酵工艺，主要研究了发酵温度、pH值、初始糖度、酵母接种量等因素对发酵工艺的影响，从而对几种因素进行四因素三水平的正交试验，确定最佳的发酵工艺参数。另外，跟踪测定了醪液中主要活性物质黄酮和维生素C的变化并分析在发酵过程中不同因素对黄酮和维生素C稳定性的影响，同时研究了降酸和澄清对成品酒的影响，从而确定最佳的降酸和澄清方法。

果酒的发酵过程中影响其发酵的主要因素有发酵温度、pH值、初始糖度、酵母接种量以及 SO_2 添加量等，在试验过程中发现， SO_2 添加量对果酒发酵的影响不大，而另 4 种因素起主要的影响作用，因此对这 4 种因素进行了四因素三水平的正交试验，以酒精产量为指标时，按极差大小列出各因素由主到次的次序：初始糖度>pH 值>发酵温度>酵母接种量，由此可看出初始糖度和 pH 值在 4 个因素中是对发酵产酒精的主要影响因素，最终确定最佳的工艺参数为初始糖度 22%，pH 值为 3.5，发酵温度为 25℃，酵母接种量为 10%（菌液中活菌数为 4.5×10^7 个/mL）。糖度偏高抑制酵母的生长，不利于酒精的产生，而糖度过低同样限制了酒精的产量，初始糖度为 22% 既有利于酵母的繁殖又能保证酒精的转化率；pH 值为 3.5 有助于酵母利用糖转化为酒精，同时抑制杂菌的生长；发酵温度为 25℃，与大多数果酒相比，其温度较高，说明果酒生产的工艺参数与生产原料自身的性质有关，并不是所有的果酒都适合于低温发酵。

本章中由苹果梨与沙棘的混合果汁发酵而成的果酒，其酸度为 6.96g/L，已达到果酒要求的标准，但口感不够协调，试验中以 K_2CO_3 降酸，虽然降酸能力强，稳定性好，但用量过多会使酒体苦涩味加重，因此其用量应该限制在 1g/L 以内；Na_2CO_3 的降酸能力比 K_2CO_3 还要强，但用量过多也会给酒液带来异味，有刺喉感，其用量也应该限制在 1g/L 以内；$KHCO_3$ 虽然有不弱的降酸能力，但却会影响苹果梨-沙棘果酒的香气与色泽；利用 $CaCO_3$ 降酸，降酸能力强，反应快，成本低，使用方便，但降酸后酒体不稳定，影响酒的品质；采用 $C_4H_4O_6K_2$ 降酸，无异味口感柔和，但由于 $C_4H_4O_6K_2$ 降酸，主要是降低酒中的酒石酸，对柠檬酸等其他酸作用不大，因此 $C_4H_4O_6K_2$ 降酸能力差，用量大，成本高；$C_4H_4O_6K_2$ 与 K_2CO_3 联合降酸，既能避免酒体的苦涩味过重，又能够获得口感柔和，果香良好的果酒，适合用于苹果梨-沙棘果酒的降酸。

果酒为胶体溶液，主要成分为水和酒精，引起果酒浑浊的因素主要来自原料中大分子物质、发酵微生物和发酵过程，此外，果酒中的有机酸、单宁、糖、蛋白质等也会引起酒体的浑浊。果酒的澄清方法包括自然澄清、机械澄清和澄清剂澄清，本试验采用澄清剂澄清的方法，选用皂土、明胶、PVPP 3 种澄清剂对成品酒进行澄清。通过研究可知，单独用 3 种澄清剂时，PVPP 的澄清效果最佳，皂土次之，明胶的效果最差，其最大透光率分别为 78.0%、77.2%、59.1%，而皂土和明胶结合使用可使透光率达到 79.3%，由于明胶主要用于除去酒中过多的单宁，皂土主要用于除去酒中的蛋白质，PVPP 主要除去浅色酒中的棕色色素，因此可以判断出酒中的单宁类物质较少，棕色色素较多，而皂土和明胶结合可提高单独用其中之一的澄清效果，由上述试验结果可以预测，用皂土和明胶处理后，再使用 PVPP 澄清果酒，可能会有更好的效果。

由于沙棘中的黄酮和维生素 C 含量较高，使得以其为原料制得的果酒中黄酮和维生素 C 为主要的营养物质，但发酵过程中这两种物质并不稳定，会随着发酵过程而损失，通常影响其稳定性的因素有温度、氧气、酸度等。通过对发酵过程中黄酮与维生素 C 变化的研究可以看出，与维生素 C 相比，黄酮的稳定性较好，随着温度的提高或酸度的增加，黄酮的稳定性越来越低，并且酸度对黄酮的稳定性影响比温度的大；而对维生素 C 稳定性影响最大的是氧气的含量，温度次之，酸度对其影响最小；综上，果酒的发酵最好在低温条件下进行，pH 值在 3~4，发酵罐中加入原料后在保证发酵液不会随着发酵溢出的前提下留有较小的空间，既利于发酵产酒精，又能够使黄酮和维生素 C 损失降低。

2. 结论

（1）梨汁与沙棘汁的配比对发酵有一定的影响，梨汁与沙棘汁的比例为 3∶1 时酒精的产量最大。

（2）Na_2SO_3 浓度为 40mg/L 时，既不影响酒精发酵，又能起到护色作用。

（3）在苹果梨与沙棘汁比例为 3∶1，Na_2SO_3 的添加量为 40mg/L 时，发酵温度、初始糖度、酵母接种量、pH 值 4 个因素中，影响苹果梨-沙棘果酒发酵的主次因素为初始糖度>pH 值>发酵温度>酵母接种量，最佳发酵参数组合是 A2-B3-C3-D3，即 pH 值为 3.5，初始糖度为 22%，发酵温度为 25℃，酵母接种量为 10%（菌液中活菌数为 $4.5×10^7$ 个/mL）。

（4）$C_4H_4O_6K_2$ 与 K_2CO_3 联合降酸，既能避免酒体的苦涩味过重，又能够获得口感柔和、果香良好的果酒，适合用于苹果梨-沙棘果酒的降酸。

（5）对苹果梨-沙棘果酒澄清的最佳方法。取 5mL 酒液，加入 5% 的皂土 0.1mL，1% 的明胶 0.5mL，其最大透光率为 79.3%。

（6）发酵过程中，黄酮的稳定性比维生素 C 好，随着温度的提高或酸度的增加，黄酮和维生素 C 的稳定性越来越低，酸度对黄酮的稳定性影响比温度的大；氧气对维生素 C 稳定性影响最大，温度次之，酸度对其影响最小。

第六章　沙棘果酒生产中试

第一节　材料与方法

一、材料

1. 沙棘果汁

由内蒙古宇航人科技有限公司购得。

2. 菌种来源

活性干酵母，由湖北安琪集团生产；C2-2，实验室自野生沙棘果分离筛选获得。

3. 主要培养基

①麦汁液体培养基。麦芽浸粉3%，灭菌后调pH值为2.5左右。

②沙棘汁液体培养液。将沙棘果破碎（不伤核），再加入等体积的蒸馏水混匀，经过过滤所得的沙棘汁液。

③发酵用沙棘液。将沙棘果破碎（不伤核，带果皮），按1∶1的量加入蒸馏水。

4. 主要药品及试剂

优级白砂糖、盐酸、0.1%亚甲蓝、焦硫酸钾、无水乙醇、硫酸铜、Na_2CO_3、K_2CO_3、$C_4H_4O_6K_2$、次甲基蓝、葡萄糖、氢氧化钠、酚酞指示剂。

5. 澄清剂的配制（基础配方）

①明胶。称取1g明胶，加入10mL冷水，浸泡20~30min，再加入10mL 95℃热水，搅拌均匀待明胶完全溶解后用水定容到100mL。

②硅藻土。称取1g硅藻土加入10mL 60~70℃水中浸泡24h，用沙棘果酒定容至100mL制成沙棘果酒悬浮液。

③壳聚糖。称取壳聚糖1g，加入50mL水，再加入1mL冰醋酸，搅拌

均匀，并用水定容至100mL，置于80~90℃水浴保温45min。

④果胶酶。直接添加。

⑤PVPP（聚乙烯聚吡咯烷酮）。称取1g PVPP，用水定容至100mL。

6. 所需主要仪器设备

卡式罐、100L发酵罐、气相色谱仪、错流过滤机、紫外-可见分光光度计、酸度计。

二、方法

（一）沙棘果酒发酵的工艺流程

本试验工艺流程参照第四章沙棘果酒发酵的工艺流程，见图4-1。

（二）中试工艺设计

1. 发酵工艺设计

（1）酵母菌配比与接种量

参考本书第四章沙棘果酒发酵的最佳工艺条件，以实验室筛选菌株C2-2和活性干酵母进行混合配比，比例为5:5、7:3和9:1，接种量为分别10%、15%和20%。发酵结束后测定酒精含量选取酒精含量较高的菌种配比与接种量。

（2）环境温度

参考本书第四章沙棘果酒发酵的最佳工艺条件，发酵环境温度设定为19℃、22℃和25℃。发酵结束后测定酒精含量选取酒精含量较高的环境温度进行发酵。

（3）补糖工艺

选用1次加糖与2次加糖两种不同的补糖工艺进行发酵，发酵结束后测定酒精含量选取酒精含量较高的补糖工艺。

2. 发酵醪液的后处理

（1）降酸试验

发酵结束后测定发酵液总酸含量为12.694g/L，酸度过高不符合国家对果酒的要求而且口味酸涩需要进行降酸处理。

目前沙棘果酒降酸的主要方法有物理方法降酸、化学试剂降酸和微生物降酸等。物理降酸是利用离子交换树脂对沙棘果酒发酵液中的果酸吸附作用进行降酸；化学试剂降酸是通过向沙棘果酒发酵液中添加化学降酸剂来达到降酸的目的；微生物降酸是在主发酵结束后向发酵醪液中添加能够进行苹果酸-乳酸发酵和苹果酸-酒精发酵的菌种来进行降酸的。

参照本书第四章及第五章沙棘果酒的降酸处理方法，本试验采用化学试剂联合降酸，所选用的降酸剂为 $C_4H_4O_6K_2$、Na_2CO_3、K_2CO_3。

理论上，每升沙棘果酒加入 1.507g $C_4H_4O_6K_2$ 可使沙棘果酒降低 1g/L 的酸；每升沙棘果酒加入 0.667g $CaCO_3$ 可使沙棘果酒降低 1g/L 的酸；每升沙棘果酒加入 0.62g K_2CO_3 可使沙棘果酒降低 1g/L 的酸。

具体方法：取 20mL 经测定总酸含量为 12.694g/L 的沙棘发酵醪液，加入不同配比的复合降酸剂，处理温度为 25℃，处理时间 3h。通过感官评价和酸度测定结果确定降酸方案。根据降酸目标、所选降酸剂种类配比比值得出表 6-1、表 6-2 各降酸剂加入剂量。

表 6-1　$C_4H_4O_6K_2$ 与 $CaCO_3$ 配比

加入量配比		降酸目标（g/L）		
		6	7	8
不同配比 需加入降 酸剂的量 （g/20mL）	1：9	0.032 1：0.069 2	0.026 8：0.045 6	0.021 4：0.046 0
	3：7	0.096 8：0.053 8	0.080 6：0.053 8	0.064 2：0.035 8
	5：5	0.161 4：0.038 4	0.134 2：0.032 0	0.107 0：0.025 6
	7：3	0.226 0：0.023 0	0.180 8：0.019 2	0.149 8：0.015 4
	9：1	0.290 6：0.007 8	0.241 6：0.006 4	0.192 6：0.005 2

表 6-2　$C_4H_4O_6K_2$ 与 K_2CO_3 配比

加入量配比		降酸目标（g/L）		
		6	7	8
不同配比 需加入降 酸剂的量 （g/20mL）	1：9	0.032 1：0.090 8	0.026 8：0.075 6	0.021 4：0.060 2
	3：7	0.096 8：0.070 6	0.080 6：0.058 8	0.064 2：0.046 8
	5：5	0.161 4：0.050 4	0.134 2：0.042 0	0.107 0：0.033 4
	7：3	0.226 0：0.030 2	0.180 8：0.025 2	0.149 8：0.020 0
	9：1	0.290 6：0.010 2	0.241 6：0.008 4	0.192 6：0.006 8

根据每组试验中较为良好的降酸效果，获得不同降酸剂和不同配比的优良方案。对这些方案进行对比降酸试验，取发酵液 200mL，在 20℃处理 3h 后，通过最后的总酸测定和感官评价确定最终的降酸方案（表 6-3）。

表 6-3　降酸效果对比试验

编号	不同降酸剂配比	欲达到降酸目标 （g/L）	降酸剂加入量 （g/200mL）
1	$C_4H_4O_6K_2$ ∶ Na_2CO_3（9∶1）	6	2.906∶0.078
2	$C_4H_4O_6K_2$ ∶ Na_2CO_3（7∶3）	7	1.808∶0.192
3	$C_4H_4O_6K_2$ ∶ Na_2CO_3（7∶3）	8	1.498∶0.154
4	$C_4H_4O_6K_2$ ∶ K_2CO_3（9∶1）	6	2.906∶0.102
5	$C_4H_4O_6K_2$ ∶ K_2CO_3（7∶3）	7	1.808∶0.252
6	$C_4H_4O_6K_2$ ∶ K_2CO_3（5∶5）	8	1.070∶0.334

（2）澄清试验

发酵结束后，利用紫外-可见分光光度计在波长为 700nm 下测定发酵液的透光率为 15.73%，酒体浑浊不清，且不符合国家对果酒的要求，需要进行澄清处理。

澄清方法主要有物理方法、化学方法和机械澄清法。本试验选取化学试剂澄清即澄清剂澄清法，常用的澄清剂：明胶、酪蛋白、鱼胶、蛋白、皂土、硅藻土、壳聚糖、聚乙烯聚吡咯烷酮（PVPP）、尼龙、琼脂、阿拉伯树胶、硅胶、果胶酶等。

①明胶澄清。取 20mL 沙棘果发酵醪液 5 份，加入 1% 明胶溶液，加入量分别为 0.1mL、0.2mL、0.3mL、0.4mL、0.5mL，充分的震荡搅拌均匀，放置 3d 后测定沙棘果酒的透光率。

②硅藻土澄清。取 20mL 沙棘果发酵醪液 5 份，加入 1% 硅藻土溶液，加入量分别为 1mL、2mL、3mL、4mL、5mL，充分的震荡搅拌均匀，放置 3d 后测定沙棘果酒的透光率。

③壳聚糖澄清。取 20mL 沙棘果发酵醪液 5 份，加入 1% 壳聚糖溶液，加入量分别为 0.1mL、0.2mL、0.3mL、0.4mL、0.5mL，充分的震荡搅拌均匀，放置 3d 后测定沙棘果酒的透光率。

④果胶酶澄清。取 20mL 沙棘果发酵醪液 5 份，直接加入果胶酶，加入量分别为 0.01g、0.02g、0.03g、0.04g、0.05g，充分的震荡搅拌均匀，置于 50℃ 条件下 3d 后测定沙棘果酒的透光率。

⑤PVPP 澄清。取 20mL 沙棘果发酵醪液 5 份，加入 PVPP 溶液，加入量为 0.2mL、0.4mL、0.6mL、0.8mL、1.0mL，充分的震荡搅拌均匀，放置

2d 后测定沙棘果酒的透光率。

（三）果酒指标测定及方法

1. 总糖的测定

斐林试剂滴定法。

2. pH 值的测定

pH 计直接测定法。

3. 总酸的测定

酸碱滴定法。

4. 酒精的测定

气相色谱法。

第二节　结果与分析

一、发酵工艺设计

（一）酵母菌配比与接种量对发酵的影响结果与分析

酵母菌配比与接种量的选择以酒精产量为评价标准，酒精产量见图 6-1。

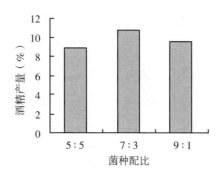

图 6-1　不同菌种配比的酒精产量

由上图可以看出酒精产量随实验室筛选酵母 C2-2 与活性干酵母的配比变化呈现一个先增加后减少的趋势，且配比为 7：3 时酒精产量较高。在活性干酵母比例较大时可能会抑制实验室筛选酵母 C2-2 的生长，出现酵母菌繁殖、代谢缓慢的迹象直接导致酒精产量较低。而活性干酵母比例较低时实验室筛选酵母 C2-2 自身产酒精能力低于实验室筛选酵母 C2-2 与活性干酵母的配比为 7∶3 时的值。所以将实验室筛选酵母 C2-2 与活性干酵母的配比设定为 7∶3。

不同接种量所得酒精产量结果见图 6-2。

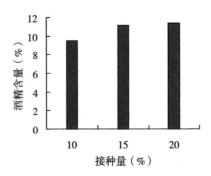

图 6-2　不同接种量的酒精产量

由图 6-2 可以看出酒精产量随接种量的增加而增加，但接种量 15%～20%的酒精产量变化不大。考虑成本因素，所以选定接种量为 15%。

由以上两方面因素确定以酵母菌配比 7∶3，接种量 15%为中试工艺的工艺参数。

（二）环境温度对发酵的影响结果与分析

环境温度的选择以酒精产量为评价标准，酒精产量见图 6-3。

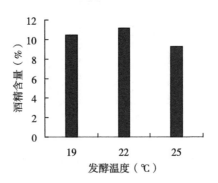

图 6-3　不同发酵温度的酒精产量

由图 6-3 可知，随着发酵环境温度的升高酒精产量呈现出先升高后降低的趋势。环境温度为 22℃时酒精产量较高，在温度过低条件下酵母菌生长代谢较为缓慢，发酵周期会相应地延长。相对环境温度过高时导致发酵温度升高，酵母菌生长繁殖能力下降代谢缓慢，从而影响酒精产量。由试验数据得出发酵温度会高于环境温度3~4℃。

（三）不同的补糖工艺对发酵的影响结果与分析

不同补糖工艺选择以酒精产量为评价标准，酒精产量见图6-4（1为1次加糖，2为2次加糖）。由图6-4可知，2次加糖工艺的酒精产量明显高于1次加糖的工艺。

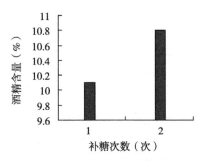

图6-4　不同补糖工艺的酒精产量

二、发酵醪液的后处理

（一）降酸试验的结果与分析

1. $C_4H_4O_6K_2$ 与 Na_2CO_3 联合降酸结果

①使发酵醪液总酸达到6g/L，在不同配比下的降酸结果见表6-4。由表6-4可以得出，$C_4H_4O_6K_2$ 与 Na_2CO_3 配比为9:1的降酸试验效果较好，酒香味明显，酸度适中，口感好。可以选取进行进一步试验。

表6-4　降酸要求为6g/L的降酸试验

指标	降酸剂配比				
	1:9	3:7	5:5	7:3	9:1
降酸后总酸（g/L）	8.041	8.562	8.91	9.228	9.435
降酸后pH值	4.11	4.05	4.02	4.03	4.01
降酸幅度（g/L）	4.653	4.132	3.784	3.466	3.259
感官评价	酒香味明显，略酸，后味苦涩	酒香味明显，酸度适中，后味略苦	酒香味明显，酸度适中，后味微苦	酒香味明显，酸度适中	酒香味明显，酸度适中，口感好

②使发酵醪液总酸达到7g/L，在不同配比下的降酸结果见表6-5。由

表 6-5 可以得出，$C_4H_6O_6K_2$ 与 Na_2CO_3 配比为 7∶3 的降酸试验效果较好，酒香味明显，酸度适中。可以选取进行进一步试验。

表 6-5　降酸要求为 7g/L 的降酸试验

指标	降酸剂配比				
	1∶9	3∶7	5∶5	7∶3	9∶1
降酸后总酸（g/L）	8.322	8.711	9.229	9.54	9.683
降酸后 pH 值	4.07	4.01	4.02	3.98	3.94
降酸幅度（g/L）	4.372	3.983	3.465	3.154	3.011
感官评价	酒香味明显，酸度平淡，后味苦涩	酒香味明显，酸度适中，后味略苦	酒香味明显，酸度适中，后味微苦	酒香味明显，酸度适中	酒香味明显，过酸

③使发酵醪液总酸达到 8g/L，在不同配比下的降酸结果见表 6-6。由表 6-6 可以得出，$C_4H_6O_6K_2$ 与 Na_2CO_3 配比为 7∶3 的降酸试验效果较好，具有较明显的酒香味，苦涩味轻微，口感适中。可以选取进行进一步试验。

表 6-6　降酸要求为 8g/L 的降酸试验

指标	降酸剂配比				
	1∶9	3∶7	5∶5	7∶3	9∶1
降酸后总酸（g/L）	8.56	9.166	9.518	9.81	10.067
降酸后 pH 值	4.02	3.97	3.99	3.95	3.92
降酸幅度（g/L）	4.134	3.528	3.176	2.884	2.627
感官评价	酒味香浓，过酸，后味微苦	酒香味明显，过酸，后味微苦	酒香味明显，过酸，后味微苦	酒香味明显，酸度适中	酒香味明显，酸度适中，苦涩感重

2. $C_4H_6O_6K_2$ 与 K_2CO_3 联合降酸结果

①使发酵醪液总酸达到 6g/L，在不同配比下的降酸结果见表 6-7。由表 6-7 可以得出，$C_4H_6O_6K_2$ 与 K_2CO_3 配比为 9∶1 的降酸试验效果较好，呈现较明显的酒香味，酸度适中，口感较好。可以选取进行进一步试验。

表 6-7　降酸要求为 6g/L 的降酸试验

指标	降酸剂配比				
	1∶9	3∶7	5∶5	7∶3	9∶1
降酸后总酸（g/L）	8.205	8.621	8.368	9.182	9.466

（续表）

指标	降酸剂配比				
	1:9	3:7	5:5	7:3	9:1
降酸后 pH 值	4.17	4.12	4.18	4.11	4.11
降酸幅度（g/L）	4.489	4.073	4.326	3.512	3.228
感官评价	酒香味明显，略酸，后味苦涩	酒香味明显，后味带略微苦涩	酒香味明显，后味带略微苦涩	酒香味明显，酸度适中，微苦	酒香味明显，酸度适中，口感较好

②使发酵醪液总酸达到 7g/L，在不同配比下的降酸结果见表 6-8。由表 6-8 可以得出，$C_4H_4O_6K_2$ 与 K_2CO_3 配比为 7:3 的降酸试验效果较好，具有较明显的酒香味，苦涩味轻微，酸度适中，口感适中。可以选取进行进一步试验。

表 6-8　降酸要求为 7g/L 的降酸试验

指标	降酸剂配比				
	1:9	3:7	5:5	7:3	9:1
降酸后总酸（g/L）	8.538	8.91	9.56	9.898	10.075
降酸后 pH 值	4.11	4.10	4.09	4.09	4.06
降酸幅度（g/L）	4.156	3.784	3.134	2.796	2.619
感官评价	酒香味明显，略酸，后味苦涩	酒香味明显，略酸，后味略苦	酒香味明显，酸度适中，后味微苦	酒香味明显，酸度适中	酒香味明显，酸度适中，后味过酸

③使发酵醪液总酸达到 8g/L，在不同配比下的降酸结果见表 6-9。

由表 6-9 可以得出，$C_4H_4O_6K_2$ 与 K_2CO_3 配比为 5:5 的降酸试验效果较好，酒香味明显，明显苦涩味轻微，口感适中。可以选取进行进一步试验。

表 6-9　降酸要求为 8g/L 的降酸试验

指标	降酸剂配比				
	1:9	3:7	5:5	7:3	9:1
降酸后总酸（g/L）	9.24	9.757	10.305	10.718	11.026
降酸后 pH 值	4.17	4.12	4.18	4.11	4.11
降酸幅度（g/L）	3.454	2.937	2.389	1.976	1.668
感官评价	酒香味明显，苦涩味重，酸味不明显	酒香味明显，微酸味，后味微苦	酒香味明显，酸度适中，苦涩感较轻	酒香味明显，过酸	酒香味明显，过酸

3. 优化降酸试验结果与分析

根据 $C_4H_4O_6K_2$、Na_2CO_3 和 K_2CO_3 不同配比联合降酸试验结果，从每组试验中选取一组口感较好的进行扩大处理量降酸试验。

由表 6-10 和表 6-11 可以看出，较好的降酸方案为 2 和 5，即 $C_4H_4O_6K_2$ 与 Na_2CO_3 为 7:3 配比和 $C_4H_4O_6K_2$ 与 K_2CO_3 为 7:3 配比降酸目标为 7g/L 的降酸方案。这两种方案降酸效果明显，果酒从色泽、香气、口感和后味等方面都较为突出又各有特色，所以选定这两种降酸方案作为中试试验的降酸方案。

表 6-10 优化降酸试验降酸结果

编号	降酸后总酸（g/L）	降酸后 pH 值	降酸幅度
1	3.274	4.01	9.42
2	3.156	3.98	9.538
3	3.507	3.95	9.187
4	3.227	4.11	9.467
5	2.802	4.09	9.892
6	2.394	4.17	10.3

表 6-11 优化降酸试验感官评价

编号	色泽	香气	口感	酒体	后味
1	略显浑浊	香气适中	口味协调、微酸	较重	后味较酸
2	澄清	香气浓郁	口味协调、柔和	适中	悠长协调
3	澄清	香气适中	口味平淡	轻柔	印象单一
4	略显浑浊	香气不足	略显平淡	轻柔	后味悠长
5	澄清	香气适中	口味协调、柔和	适中	后味悠长
6	澄清	香气适中	口味协调、微苦	较重	后味偏苦

（二）澄清试验的结果与分析

1. 明胶的澄清结果与分析

明胶澄清结果见表 6-12。

表 6-12 明胶加入量对澄清效果的影响

序号	加入量（g/L）	透光率（%）
1	0	60.19
2	0.05	86.41
3	0.10	88.35
4	0.15	87.67
5	0.20	86.92
6	0.25	86.04

明胶是利用它自身所带有的"+"电荷与果酒中带有"-"电荷的微小颗粒发生吸附作用从而下沉，达到澄清效果。由表 6-12 可以看出明胶溶液加入量为 0.10g/L 时澄清效果达到最佳，再增加明胶的加入量反而导致澄清效果有所降低，悬浮在酒体中的明胶降低了酒体的澄清度。因此，在采用明胶做澄清剂时，明胶的用量要严格控制。

2. 硅藻土的澄清结果与分析

硅藻土可以通过吸附果酒中的部分色素和酵母等物质，并且能够加速果胶等物质的沉淀，达到澄清果酒的作用。由表 6-13 可以看出当硅藻土的加入量达到 1.5g/L 时透光率的增长趋势达到平缓，所以使用硅藻土澄清时，硅藻土加入量可以设定为 1.5g/L。

表 6-13 硅藻土加入量对澄清效果的影响

序号	加入量（g/L）	透光率（%）
1	0	61.26
2	0.5	70.12
3	1.0	79.53
4	1.5	82.33
5	2.0	82.56
6	2.5	81.17

3. 壳聚糖的澄清结果与分析

壳聚糖是一种天然的离子型絮凝剂，通过对酚类、蛋白质等物质的絮凝作用达到澄清果酒的作用。由表 6-14 可以看出当壳聚糖的加入量为 0.15g/L 时透光率达到最大值。

表6-14　壳聚糖加入量对澄清效果的影响

序号	加入量（g/L）	透光率（%）
1	0	60. 19
2	0. 05	86. 95
3	0. 10	88. 30
4	0. 15	90. 53
5	0. 20	90. 50
6	0. 25	90. 41

4. 果胶酶的澄清结果与分析

由表6-15可以看出果胶酶加入量达到1g/L时透光率达到最大。随着加入量的增加透光率逐渐下降，这可能是由于果胶酶用量过多，酶本身也是蛋白质，过量使用引起酒体浑浊所致。

表6-15　果胶酶的加入量对澄清效果的影响

序号	加入量（g/L）	透光率（%）
1	0	60. 19
2	0. 5	87. 37
3	1. 0	89. 29
4	1. 5	86. 46
5	2. 0	84. 23
6	2. 5	81. 25

5. PVPP 的澄清结果与分析

PVPP 澄清结果见表6-16。

表6-16　PVPP 的加入量对澄清效果的影响

序号	加入量（g/L）	透光率（%）
1	0	60. 19
2	0. 1	83. 25
3	0. 2	88. 54
4	0. 3	93. 47
5	0. 4	93. 54
6	0. 5	93. 60

钱俊清对用 PVPP 提高发酵酒稳定性机理进行了研究，通过试验确定PVPP 吸附单宁的基本定量关系。PVPP 分子结构中具有与其聚合度相同数目的酰胺键，PVPP 主要吸附发酵酒中分子量 500~1 000 的单宁，而这类单宁是引起发酵酒不稳定的主要因素之一，且一定程度上占主导地位，通过用PVPP 对单宁的吸附，可大大减缓酒中蛋白质与单宁的缔合速度，使发酵酒稳定性提高。经 PVPP 处理的沙棘发酵醪液的透过率高达 93.6%，说明PVPP 是一种优良的果酒澄清剂，但 PVPP 价格较昂贵，限制了其在一般企业大量使用。由表 6-16 可以看出当 PVPP 加入量大于 0.3g/L 时，透光率的提高已不明显，继续加大 PVPP 加入量已无实际意义，从经济的角度考虑，PVPP 的用量以 0.3g/L 为宜。

三、制定沙棘果酒生产的 HACCP 质量控制体系

（一）沙棘果酒的产品说明及生产工艺流程

1. 沙棘果酒产品说明

（1）配料

沙棘果酒所选用的原料有沙棘果、酵母菌、白砂糖。

（2）制备

沙棘果经过压榨后，加糖加水调整糖度，接入酵母菌，经过主发酵、压榨过滤、后发酵成为沙棘原酒，再经过进一步的过滤、澄清、调制、装瓶获得成品酒。

（3）贮藏

沙棘果酒必须装入符合国家标准的玻璃瓶，打上软木塞，装箱避光贮藏。

2. 沙棘果酒的生产工艺

沙棘果酒的生产工艺路线见图 6-5。

（二）沙棘果酒生产的危害分析

沙棘果酒从原料到产品是一个极为复杂的生理生化过程，能够对沙棘果酒的生产构成危害的主要有化学危害、生物危害、物理危害等。化学危害物主要是指沙棘果中没有洗干净的农药和化肥以及果酒生产过程中洗衣粉或消毒液清洗后的残留等（表 6-17）。生物危害物主要是指对原料和产品生产、贮藏构成危害的微生物和病害虫。物理危害物主要指的是在原材料运输和产品生产过程中混进的树枝、石块等。

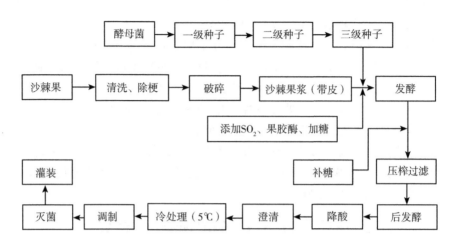

图 6-5 沙棘果酒生产中试采用的发酵工艺路线

表 6-17 沙棘果酒生产危害分析及控制措施

加工工序	潜在威胁	控制措施
沙棘果的采购运输和贮存	农药残留（有机磷类）	加强对农民使用农药的指导，加强加工过程清洗
	重金属超标（铜、铅、砷）	对原料的产地进行污染调查
	异物（枝叶、沙砾）	通过洗涤、沉降除去
清洗、挑选、榨汁	用水卫生不符合饮用水标准	定期检查生产用水的卫生情况，在清洗最后步骤必须使用新鲜的饮用水
	清洗不够彻底	再次清洗除去残枝、树叶和沙砾
	榨汁阶段产生微生物污染	按 SSOP 标准清洗榨汁机
主发酵	主发酵阶段产生微生物污染	按 SSOP 标准清洗发酵容器
	发酵醪液外溢	控制发酵液占罐体的 80%
	发酵温度的控制	调整环境温度控制品温
	氧气进入	检查水封
	环境中有果蝇、苍蝇，CO_2 含量过高	定期清洗杀菌、保持通风
倒灌	外界环境污染	提前对室内进行消毒
	过度氧化	CO_2 充满新罐
后发酵	后发酵阶段产生微生物污染	按 SSOP 标准清洗发酵容器
	过度氧化	检查水封

（续表）

加工工序	潜在威胁	控制措施
降酸	降酸剂的验收	检验证明
	降酸剂用量过度	准确计算降酸剂的用量
澄清	澄清剂的验收	检验证明
	澄清剂用量过度	准确计算澄清剂的用量
膜过滤	滤膜破损	定期检查
	过滤阶段产生微生物污染	按 SSOP 标准清洗澄清装置
硅藻土过滤 灭菌	过滤阶段产生微生物污染	按 SSOP 标准清洗过滤装置
	活菌残存	重新灭菌
灌装	灌装材料不符合要求	协调更换灌装材料
	灌装过滤阶段产生微生物污染	按 SSOP 标准清洗灌装装置

（三）确定关键控制点（CCP）

CCP 的确定是在 HACCP 质量控制七原则中原则二的指导下完成的，表 6-18 为判断后所得结果。

表 6-18　沙棘果酒生产的关键控制点确定

加工工序	潜在威胁	Q1	Q2	Q3	Q4	CCP
沙棘果的采购运输和贮存	农药残留（有机磷类）	Y	N	—		Y
	重金属超标（铜、铅、砷）	Y	N	—		Y
	异物（枝叶、沙砾）	Y	Y	—		N
清洗、挑选、榨汁	用水不符合饮用水标准	Y	Y	—		Y
	清洗不够彻底	Y	N	Y	N	Y
	榨汁机清洗不足	Y	N	Y	N	Y
主发酵	主发酵罐清洗不足	Y	N	—		Y
	发酵温度的控制	Y	Y	—		Y
	氧气进入	Y	Y	—		Y
倒灌	外界环境污染	Y	N	Y	N	Y
	过度氧化	Y	Y	—		Y

（续表）

加工工序	潜在威胁	Q1	Q2	Q3	Q4	CCP
后发酵	后发酵容器清洗不足	Y	N	Y	N	Y
	过度氧化	Y	Y	—	—	Y
降酸	降酸剂的验收	Y	N	Y	N	Y
	降酸剂用量过度	N	—	—	—	N
澄清	澄清剂的验收	Y	N	Y	N	Y
	澄清剂用量过度	N	—	—	—	N
膜过滤	滤膜破损	Y	N	Y	N	Y
	过滤机清洗不足	Y	N	Y	N	Y
硅藻土过滤	设备、硅藻土清洗不足	Y	N	Y	N	Y
灭菌	微生物残留	Y	Y	—	—	Y
灌装	灌装材料不符合要求	Y	N	Y	N	Y
	灌装机清洗不彻底	Y	N	Y	N	Y

（四）制定 HACCP 质量控制表

HACCP 质量控制表是一个标准化的控制表，它分为 CCP（关键控制点）、监测程序、监控频率、档案记录等。其中 CCP 是参照 HACCP 七原则中的原则一、原则二得出的，监测程序是参照原则四、原则五得出的，档案记录是参照原则六得出的（表6-19）。

表6-19　HACCP 计划

CCP	危害	关键控制指标及措施	监测			纠正措施	档案记录	验证
			对象	频率	责任人			
沙棘的质量控制	农药残留	符合 GB 2758	沙棘	每批	质检员	注明，退货	对原材料的检验、贮存进行记录	每周检查记录并对原料抽查
	重金属超标	符合 GB 2758	沙棘	每批	质检员	注明，退货		

（续表）

CCP	危害	关键控制指标及措施	监测			纠正措施	档案记录	验证
			对象	频率	责任人			
清洗榨汁	用水不符合饮用水标准	符合我国生活饮用水标准	用水	每天	质检员	检查氯离子含量	填写清洗车间SSOP记录表	每周检查记录
	清洗不够彻底	SSOP	沙棘	每批	操作员	注明，加强清洗		每天检查记录
	榨汁机清洗不足	SSOP	榨汁机	每次	操作员	注明，加强清洗		每周检查记录
主发酵	主发酵罐清洗不足	SSOP	发酵罐	每批	操作员	注明，加强清洗	填写清洗车间SSOP记录表	每周检查记录
	发酵温度的控制	18~25℃	品温	每2h	操作员	调整	填写发酵车间记录卡	每月进行1次温度计校正
	氧气进入	水封	发酵罐	每天	操作员	更换并补足水封中的水	填写发酵车间记录卡	每天检查记录
倒灌	外界环境污染	SSOP	环境	每天	操作员	注明，重新打扫	填写清洗车间SSOP记录表	每周检查记录
	过度氧化	SSOP	发酵罐	每天	操作员	CO_2注满新罐	填写发酵车间记录卡	每周检查记录
后发酵	后发酵容器清洗不足	SSOP	发酵罐	每批	操作员	注明，加强清洗	填写清洗车间SSOP记录表	每周检查记录
	过度氧化	SSOP	发酵罐	每天	操作员	注明，加强清洗	填写发酵车间记录卡	每周检查记录
降酸	降酸剂的验收	符合GB 2758	降酸剂	每批	质检员	注明，退货	对原材料的检验、贮存进行记录	每周检查记录并对原料抽查
澄清	澄清剂的验收	符合GB 2758	澄清剂	每批	质检员	注明，退货		每周检查记录并对原料抽查
膜过滤	滤膜破损	肉眼观察无破损	滤膜	每批	操作员	更换滤膜	填写记录卡	每天检查记录
	过滤机清洗不足	SSOP	过滤机	每批	操作员	注明，加强清洗	填写清洗车间SSOP记录表	每周检查记录
硅藻土过滤	设备、硅藻土清洗不足	SSOP	硅藻土	每批	操作员	注明，加强清洗	填写清洗车间SSOP记录表	每周检查记录
灭菌	微生物残留	温度和时间	温度	每批	操作员	重新灭菌	填写灭菌车间记录卡	每天检查记录

（续表）

CCP	危害	关键控制指标及措施	监测			纠正措施	档案记录	验证
			对象	频率	责任人			
灌装	灌装机清洗不彻底	SSOP	灌装机	每批	操作员	注明，加强清洗	填写清洗车间SSOP记录表	每天检查记录

注：GB 2758 为食品安全国家标准发酵酒及其配制酒（GB 2758—2012）。

四、沙棘果酒酒厂卫生标准操作程序

1. SSOP 任务陈述

卫生标准和良好的操作规范（SSOP）在沙棘酒厂中得到良好的应用，保证沙棘果酒加工区域的清洁，有助于提高沙棘果酒的生产卫生和沙棘果酒的感官评定。建立、维护和实施一个良好的卫生计划是建立 HACCP 体系的基础和前提，如果没有对食品生产环境的卫生控制，即使实施 HACCP 管理仍会导致食品的不安全。

SSOP 需要所有相关工作人员的相互协作完成，才能保证 SSOP 的顺利进行。管理人员主要负责督促工作人员对 SSOP 的具体实施以及生产和清洁区的可视检查；工作人员的任务主要是参与日常清洁与消毒、沙棘果酒的生产情况记录。

2. 适用于所有工作人员的操作程序

①所有工作人员在进行工作之前、抽烟、喝水、打喷嚏、使用完卫生间、接触了除产品及生产设备以外的东西之后需要用肥皂和清水将手洗净并吹干。

②在工作期间保持工作服和防水鞋的干净整洁，进入果汁加工车间前需对工作服进行灰尘检查和清扫。

③工作期间正确佩戴发束。

④在果酒加工区域禁止吃、喝、抽烟以及优妆。

⑤榨汁车间严禁佩戴首饰和手表

⑥患有开放性化脓、割伤、皮肤病以及呼吸道、消化道传染病者，不允许从事原料处理、榨汁、沙棘果酒加工和包装材料处理等工作。

⑦沙棘果加工工厂的卫生间要达到三星级宾馆的要求。

3. 生产前的预清洁消毒

沙棘果酒加工厂工作人员必须遵从以下生产前的预消毒程序。

①保证工厂以及与食品接触表面的洁净，并对与食品有接触的设备进行

冲洗和消毒。

②设备装配完成后试运行 1 次。

③在操作开始前，生产管理人员对生产区域的卫生进行检查。

④认真填写检查单，由专人每周查阅 1 次检查单。

4. 日常清洁操作程序

①及时打扫厂区，使这些区域无沙棘枝叶、果渣。

②生产设备要在生产的前后进行彻底的清洗和消毒。

③每天检查水封，确保水封中的水足够清洁。

④灌装所用酒瓶和木塞应妥善保管。

⑤每天检查用水管路及排水管道的清洁与畅通。

⑥每天生产结束后，打扫车间、倾倒废料斗并盖好盖子，保持废料斗的清洁，防止滋生有害微生物及害虫。

5. 设备使用后的清洗消毒

①设备使用后保持其干净整洁。

②遵循正确的电源切断顺序切断电源，注意保护设备与电源连接处，保证与水隔离。

③根据设备的说明书进行拆卸清洗。

④使用 50~60℃ 的温水冲洗设备，除去残留物。

⑤检查清洗的效果，必要时返工。

6. 害虫、害兽控制程序

从原料的采购到产品的灌装整个过程都不允许有害虫、害兽以及它们的排泄物造成的污染。加工车间不允许有害虫、害兽出没，以下条款是针对害虫、害兽污染制定的防治措施。

①害虫、害兽的控制由质量检查员实施。

②车间内地面干净整洁。

③及时关闭车间外门。

④隔离被污染物。

⑤要及时检查车间内的鼠洞和裂缝并封堵上。

⑥清理生产必需品以外的食物源。

⑦捣毁产区内存在的鸟巢，驱逐任何接近厂区的鸟兽。

⑧在老鼠活动频繁区域投放鼠药或粘鼠板，并且每月两次定期检查及时更换。

⑨使用杀虫剂杀虫时，应选用食品厂专用杀虫剂，并且要在说明书的指

导下使用。

7. 生产的回顾和追踪

同步建立产品生产记录，才能使准确地知道已经生产了多少瓶酒，已经有多少投入了市场，这些酒可能被销售到哪里，质量怎么样。所有产品的生产记录按次序存放。在整理生产记录时需要注意如下事项。

①同一批次的沙棘果酒生产记录存放在一起，便于追踪和查找。

②每批沙棘的销售商与沙棘果酒包装供应商均应记录在案。

③沙棘果酒的日生产量要进行记录。

④将生产日期喷印在瓶塞上，尽可能地按照生产日期顺序销售。

8. SSOP 纠正措施

①生产部门经理负责监督所有消毒清洁工作，保证工作人员按照 SSOP 执行。

②遇到清洗和消毒不合格时，记录在案。

③具体采取哪种纠正措施必须同时标注清楚。

④及时实施纠正措施。

⑤如同一工作人员再次出现此类情况，需进行针对性培训。

⑥清洁消毒检查单需要跟踪填写，保证每次清洁消毒后立即填写，并保存在 HACCP 文件中。

第三节 讨论与结论

一、讨论

沙棘在内蒙古自治区有着极为广泛的分布，沙棘果产量巨大。本研究选用从沙棘果上筛选纯化并经过分子生物学鉴定的酵母菌种与酿酒酵母联合发酵的方法，在实验室已有的小试基础上进行沙棘果酒发酵中试试验，生产出酒度、糖度、酸度、澄清度等方面均符合国家对果酒产品要求并能够符合大众对饮食与健康理念的特色沙棘果酒，为沙棘果的深层次开发利用提出了一种新的途径。本试验主要从沙棘酵母与普通酿酒酵母相结合的发酵方式、接种量、发酵的最适温度条件、发酵的补糖工艺、发酵醪液的降酸和澄清处理等方面进行研究。

（1）果胶酶与 SO_2 添加量对发酵的影响

本试验在研究沙棘果酒发酵工艺单因素试验时，只研究了沙棘酵母与普通酿酒酵母的配比与接种量、发酵温度和补糖工艺几方面因素，关于发酵前果胶酶和 SO_2 的不同添加量对发酵的影响没有做深入的研究，仅仅根据实验室小试结果进行添加。建议以后的研究者可以深入研究中试试验不同的果胶酶与 SO_2 添加量对沙棘果酒发酵的影响。

（2）不同降酸剂对果酒品质的影响

由于沙棘本身总酸含量过高，发酵的沙棘酒总酸含量依旧居高不下。为了符合大众口味并符合国家对果酒总酸含量的要求需要进行降酸试验。本试验采取 $C_4H_4O_6K_2$ 与 Na_2CO_3、$C_4H_4O_6K_2$ 与 K_2CO_3 两种联合降酸剂进行降酸试验，降酸效果从总酸含量和感官评定等方面取得了较好的结果。然而关于两种联合降酸剂对于沙棘果风味物质的影响没有做研究。

（3）感官评定对降酸方案选取的影响

降酸方案的选取主要以品酒员的品评为参考依据，很大程度上有一定的主观性。品酒员的资历、经验、对于沙棘果酒的了解程度、品酒环境以及品酒员当时的状态等方面的差异都会给品评结果造成一定的影响。建议以后的研究者可以聘请更为专业、权威的品酒师或者邀请多位品酒师从而得出一个更为客观的品评数据。

（4）HACCP 质量控制表

本试验在实验室小试的基础上制定并完善了整个发酵和后处理的中试工艺流程，并且对于整个工艺流程进行了危害分析，找出其中的关键控制点并制定了 HACCP 质量控制表，为今后沙棘果酒厂的建立提供了基础依据。

二、结论

一是本试验通过研究实验室筛选的沙棘表面酵母与活性干酵母联合发酵的中试工艺参数（酵母接种量、发酵温度、补糖工艺），确定了最佳工艺发酵条件：酵母接种量为 15%，沙棘表面酵母菌株 C2-2 与活性干酵母的配比为 7：3，发酵温度 22℃，两次补糖（接种前加入量为 100g/L，补加量为 70g/L），发酵时间 12~15d。

二是降酸试验最终确定的降酸方案为：$C_4H_4O_6K_2$ 与 Na_2CO_3 为 7：3 配比降酸目标为 7g/L 的降酸方案和 $C_4H_4O_6K_2$ 与 K_2CO_3 为 7：3 配比降酸目标为 7g/L 的降酸方案两种。

三是澄清试验最终确定的澄清方案为：依据透过率测定结果，比较 5 种澄清剂的澄清效果，结合经济效益考虑可选用 0.15g/L 的壳聚糖作为沙棘果酒的常用澄清剂；PVPP 的澄清速度快澄清效果好，故加入量为 0.3g/L 的

PVPP 可以用作高档沙棘果酒的澄清剂使用。

第四节　展望

　　本研究采用沙棘酵母与普通酿酒酵母联合发酵，通过批量试验获得最佳酵母接种量、发酵温度、补糖工艺、澄清和降酸方案，并制定了沙棘果酒生产的 HACCP 质量控制表。针对目前沙棘果利用率低、生产效益低等方面现状提出了一种提高沙棘果利用率与生产效益的新途径。也为今后沙棘酒厂的建立提供了基础数据。由于时间以及试验条件的限制，该试验主要还存在有待完善的几点，具体如下。

　　一是关于降酸试验，本试验以发酵结束后化学试剂降酸为主要研究内容。如在发酵前进行降酸和发酵过程中进行微生物降酸对发酵工艺和沙棘果酒的品质有什么影响没有进行研究。

　　二是降酸剂的添加对于沙棘果酒中沙棘果风味物质的影响还不明确。

　　三是本试验针对沙棘果风味物质保留的研究还属于空白阶段，如何能够更多的将沙棘果中的风味物质保留在沙棘果酒中将是下个研究阶段攻克的重点。

　　四是本中试工艺的确定仅以单因素试验作为参考依据，期望后续研究者可以将正交试验带入发酵中试工艺设计之中。

参考文献

安宝利，卢顺光，2004. 沙棘种质资源保护和利用的现状与展望[J]. 国际沙棘研究与开发，2（2）：12-15.

巴尼特，佩恩，1990. 酵母菌特性及鉴定手册[M]. 胡瑞卿，译. 青岛：青岛海洋大学出版社.

白逢彦，贾建华，2000. 具有不同碳源利用方式的酿酒酵母菌株的脉冲电泳核型分析[J]. 菌物系统，19（1）：65-71.

白逢彦，贾建华，2000. 脉冲电泳核型分析在酿酒酵母菌分类学研究中的应用[J]. 微生物学报，19（2）：9-11.

白逢彦，贾建华，梁慧燕，2002. 假丝酵母属疑难菌株大亚基 rDNA D1/D2 区域序列分析及其分类学意义[J]. 菌物系统，21（1）：27-32.

包文芳，孙一楠，1999. 沙棘属植物化学成分研究进展[J]. 沙棘，12（2）：39-44.

博恩，2010. 维生素 C 的新功效[J]. 中国医药报（7）：1.

曹有福，1999. 沙棘汁及产品保鲜研究[J]. 农牧产品开发（9）：16-17.

常志初，1996. 沙棘的药理研究进展[J]. 中国现代应用药学，13（5）：15.

车锡平，徐威，霍海如，等，2000. 沙棘果油的抗炎作用和对免疫功能影响的试验研究[J]. 沙棘，13（4）：28-32.

陈波，蒲刚军，2002. 出芽短梗霉的发酵性能研究[J]. 食品科技（11）：15-42.

陈继峰，BILL K，2001. 降酸方法对葡萄酒降酸效果的影响[J]. 中外葡萄与葡萄酒（3）：17-20.

陈继峰，杨美容，李绍华，2005. 葡萄酒酿造过程中调酸方法研究[J]. 酿酒，32（1）：36-38.

陈江萍，2006. 果胶酶对沙棘果汁澄清效果的研究[J]. 国际沙棘研究与
　　开发，4（2）：20-22.

陈体恭，李茸，赵鸿志，等，1988. 甘肃省沙棘油生化成分的初步研究
　　[J]. 沙棘（4）：35-38.

陈学林，廉永善，1996. 沙棘属植物的分布格局及其成因[J]. 沙棘，9
　　（2）：15-21.

陈友地，1991. 国外沙棘化妆品专利综述[J]. 沙棘（2）：31-32.

陈友地，姜紫荣，1900. 沙棘果及其油脂的化学组成和性质研究[J]. 林
　　产化学与工业（10）：163-257.

程方，2002. 果蔬汁 HACCP 体系的建立与实施[M]. 北京：知识产权出
　　版社.

程建军，2002. 苹果梨中多酚氧化酶反应动力学和反应进程的研究
　　[J]. 食品科学，23（8）：69-71.

程丽娟，薛泉宏，2000. 微生物学实验技术[M]. 北京：世界图书出
　　版社.

程玉倩，2008. 沙棘酒发酵过程中主要成分变化的分析[J]. 酿酒，35
　　（1）：78-80.

程志娟，邹海晏，郭彤，等，1993. 国内外对耐高温酒精酵母的研究与
　　应用[J]. 酿酒科技（2）：69-71.

崔福顺，周丽萍，2006. 苹果梨果冻的加工工艺[J]. 食品与机械，22
　　（4）：100-105.

戴桂芝，2002. 浅谈我国目前果酒行业现状及发展对策[J]. 保鲜与加工
　　（6）：3-5.

丁立华，2000. 苹果梨杂种后代果实主要经济性状遗传规律初探[J]. 吉
　　林农业科学，25（6）：38-43.

丁小林，秦利平，2008. 沙棘中的营养成分与生物活性物质研究进展
　　[J]. 中国食品与营养（9）：57-59.

董爱文，张敏，卓儒洞，等，2004. 紫花地丁中维生素提取及稳定性研
　　究[J]. 食品工业科技（10）：49-54.

董华强，1999. 超声波催陈杨桃强化酒初探[J]. 佛山科学技术学院学报
　　（1）：45-48.

都凤华，田兰英，王晶，等，2006. 沙棘汁中维生素 C 稳定性的研究
　　[J]. 食品工业科技，27（1）：81-83.

杜金华，金玉红，2010. 果酒生产技术[M]. 北京：化学工业出版社.

杜连祥，1992. 工业微生物试验技术[M]. 天津：天津科学技术出版社.

方心芳，1962. 应用微生物学实验技术[M]. 北京：中国轻工业出版社.

傅力，张华，2003. 库尔勒香梨酵母 XL1 和 XL2 发酵性能的研究[J]. 食品科学，24（1）：61-64.

高锦明，鞍灵，1999. 中国沙棘果实黄酮成分的研究[J]. 西北林学院学报，14（3）：52-55.

高锦明，张鞍灵，1995. 沙棘挥发油化学成分研究概况[J]. 沙棘，8（3）：25-28.

高年发，2005. 葡萄酒生产技术[M]. 北京：化学工业出版社.

高年发，李小刚，杨枫，1999. 葡萄酒的降酸研究[J]. 中国食品学报，3（2）：16-21.

郜希璐，2009. 白酒窖泥中酵母菌的分离鉴定及发酵特性研究[D]. 天津：天津大学.

根前，唐德瑞，赵一庆，2000. 沙棘属植物资源与开发利用[J]. 沙棘，13（2）：22-26.

顾国贤，1994. 酿造酒工艺学[M]. 北京：中国轻工业出版社.

顾清萍，韩卫平，1999. 沙棘果汁冷冻干粉的工艺研究简报[J]. 沙棘，12（2）：32-35.

管敬喜，杨莹，黄江流，2010. 不同澄清方法对毛葡萄干型酒澄清效果的影响[J]. 酿酒科技（11）：20-22.

郭成宇，栾广忠，孙楷，2002. 干红沙棘果酒的降酸研究[J]. 酿酒，29（6）33-34.

郭成宇，吴耕红，杨文钦，等，2002. 干红沙棘果酒的研制[J]. 食品工业科技（5）：40-41.

国家药典委员会. 2020. 中华人民共和国药典[M]. 北京：化学工业出版社.

何轶，2008. 沙棘果汁营养成分的分析[J]. 安徽农业科学，36（35）：15292-15293.

何志勇，夏文水，2002. 沙棘果汁营养成分及保健作用[J]. 食品科技（7）：69-71，63.

何志勇，夏文水，郭建国，2005. 壳聚糖澄清沙棘果汁工艺条件的研究[J]. 食品与机械，21（3）26-28.

赫尔姆特·汉斯·迪特里希，1989.葡萄酒微生物学[M].宋尔康，译.北京：中国轻工业出版社.

侯冬岩，1998.天然产物有机化学[M].大连：大连理工大学出版社.

侯冬岩，回瑞华，李铁纯，等，2002.沙棘的研究进展[J].鞍山师范学院学报，4（1）：49-53.

胡丽英，2013.苹果梨的栽培及综合管理的优化[J].中国新技术产品（11）：174.

黄伟坤，1989.食品检验与分析[M].北京：中国轻工业出版社.

吉平，冯敢，赵学笃，等，2001.沙棘产品的生产技术现状及其发展[J].沙棘，14（1）25-30.

贾玉，刘伟，王海平，2005.国内外沙棘开发研究进展[J].科技情报开发与经济，15（14）：127-128.

姜瑞鹏，2001.两种饮料中几种微量元素的测定[J].鞍山师范学院学报，3（3）：48-52.

姜守军，周广麒，2007.果胶酶澄清葡萄汁的工艺研究[J].安徽农业科学，35（4）1109-1110.

姜紫荣，1987.沙棘油的成分分析——游离脂肪酸测定[J].中国野生植物（1）：1-3.

金炳奎，2013.苹果梨褐色突变体果皮性状形成机理的研究[D].延吉：延边大学.

金怡，姚敏，2003.沙棘的研究概况[J].中医药信息，20（3）：21-22.

荆子然，1989.苹果梨的来源与发展[J].北方园艺（1）：21-22.

康明官，1999.葡萄酒生产技术及饮用指南[M].北京：化学工业出版社.

寇运同，胡永松，王忠彦，等，1995.高温酵母发酵特性及功能的研究[J].酿酒科技（3）：70-72.

赖慧婴，2010.沙棘发酵酒生产工艺[J].宁夏农林科技（6）：40-41.

李凤，2006.不同澄清剂澄清红葡萄酒效果比较[J].广西轻工业，11（6）：5-6.

李根前，唐德瑞，赵一庆，2000.沙棘群落生态学研究概述[J].水土保持学报，14（5）：63-67.

李华，2000.现代葡萄酒工艺学[M].第2版.西安：陕西人民出版社.

李晶，上官铁梁，张秋华，2006. 山西北部沙棘群落优势种群生态位研究[J]. 山西大学学报（自然科学版），29（2）：209-214.

李里特，2010. 食品物性学[M]. 北京：中国农业出版社.

李梅，蔡宁，曹亚萍，等，1996. 塞曼火焰原子吸收光谱应用手册[M]. 北京：地质出版社.

李敏，2005. 中国沙棘开发利用20年主要成就[J]. 沙棘，18（1）：1-7.

李明霞，付秀辉，唐荣观，1990. 中国神农架的酵母类群及中国克鲁佛酵母新种[J]. 微生物学报，30（2）：94-97.

李明霞，唐荣观，1983. 我国各类基物上的酵母菌分布及其尿素酶活性[J]. 真菌学报（2）：228-236.

李明霞，唐荣观，1989. 不同类群酵母胞壁甘露聚糖核磁共振氢谱的比较研究[J]. 真菌学报，8（4）：296-303.

李绍兰，陈有为，杨丽源，等，2002. 云南酵母菌的研究 I：西双版纳热带雨林中的酵母菌[J]. 云南大学学报（自然科学版），24（5）：378-380.

李维新，何志刚，林晓姿，等，2003. 猕猴桃干酒的降酸效应研究[J]. 福建农业科技（6）：52-53.

李玺，王进海，乔成林，等，1996. 沙棘油口服液治疗返流性食管炎100例[J]. 陕西中医，17（6）：252.

李新华，王立男，2007. 甘薯饮料澄清工艺的研究[J]. 粮油加工（12）120-123.

李永海，卢顺光，1996. 沙棘产品为何至今难以真正走向市场[J]. 沙棘，9（4）：42-43.

李永海，孙振华，关堡，等，1990. 沙棘基础知识[M]. 杨凌：天则出版社.

李泽国，张燕，延岩，1999. 保健食品中总汞含量调查[J]. 中国食品卫生杂志（1）：43-44.

廉永善，2000. 沙棘属植物生物学和化学[M]. 兰州：甘肃科学技术出版社.

梁德年，1988. 天然中华沙棘的生物多功能价值探索[J]. 中医药信息，6（5）：42.

廖建民，任道琼，唐玉明，2000. 浓香型曲药中酵母菌的初步分类和选育[J]. 酿酒（2）：47-48.

凌关庭，唐述潮，陶敏强，1995. 食品添加剂手册[M]. 北京：轻工业出版社.

刘丹赤，杨建华，2007. 沙棘的研究与开发进展[J]. 日照职业技术学院学报，2（4）：20-22.

刘福岭，戴行均，1987. 食品物理与化学分析方法[M]. 北京：轻工业出版社.

刘海臣，冉淦侨，张兴，等，2007. 酒糟中超高温耐高酒精度酵母菌株的选育[J]. 酿酒科技，155（5）：28-31.

刘慧，李铁晶，2000. 新编食品微生物学实验指导[M]. 哈尔滨：东北农业大学出版社.

刘庆军，刘天明，2009. 新疆野生酵母的耐受性、发酵特性及生产适用性研究[D]. 济南：山东轻工业学院.

刘晓娜，2012. 沙棘果酒发酵工艺研究[D]. 哈尔滨：东北农业大学.

刘增文，高国雄，吕月玲，等，2007. 不同立地条件下沙棘种群生物量的比较与预估[J]. 南京林业大学学报，31（1）：37-41.

卢圣栋，1999. 现代分子生物学实验技术[M]. 第2版. 北京：中国协和医科大学出版社.

卢玺羽，2012. 芒果和木瓜复合发酵果酒的研制[D]. 长春：吉林农业大学.

卢乡，李明霞，1991. 中国丝孢酵母属的几个新种和新纪录[J]. 真菌学报，10（1）：43-49.

鲁长征，曾端国，山永凯，等，2007. 沙棘干酒的降酸研究[J]. 国际沙棘研究与开发，5（3）：5-7.

鲁平原，曾端国，刘洪智，2007. 沙棘干酒降酸试验研究[J]. 沙棘（3）：18-19.

陆焯炜，1991. 用桃榔酶对果汁果酒的澄清试验[J]. 广西热作科技（2）：55-56.

陆惠中，王启明，贾建华，等，2004. 秦岭地区子囊菌酵母物种多样性研究[J]. 菌物学报，23（2）：183-187.

吕会娟，逄森贵，闫玉亮，2007. 山葡萄酒降酸新工艺研究[J]. 酿酒工艺（1）：42-43.

马金龙，王长海，2005. 短梗霉多糖研究进展[J]. 生物技术，15（2）：

92-95.

马桔云，程明，战丹，2001. 沙棘化学成分的研究进展[J]. 黑龙江医药（3）：208-209.

马麦生，谭明，赵乃昕，等，2002. 酵素菌中酵母菌的分离鉴定[J]. 潍坊医学院学报，12（2）：81-85.

马瑜红，2005. 沙棘的有效成分及药理研究进展[J]. 四川生理科学杂志，27（2）：75-77.

马兆瑞，2002. 发酵型苹果酒工艺流程中试及其 HACCP 质量控制[D]. 杨凌：西北农林科技大学.

毛志群，张伟，马雯，2002. 分子生物学技术在酵母菌分类中的应用进展[J]. 河北农业大学学报（z1）：230-233.

美国食品与药品管理局，1986. 细菌学分析手册[M]. 甄宏太，俞平，译. 北京：轻工业出版社.

孟柯，贺喜格达来，布仁其劳，等，2004. 复方沙棘口服液的临床与实验研究[J]. 中国民族医药杂志，4（2）：6-8.

牟刚，刘峰浩，2003. 酵母的凝聚性及测定方法探讨[J]. 酿酒，30（3）：95.

牟建楼，王颉，张伟，等，2006. 毕赤酵母菌变异株发酵特性的研究[J]. 酿酒科技（6）：33-35.

宁正祥，1998. 食品成分分析手册[M]. 北京：中国轻工业出版社.

牛广财，范兆军，杨宏志，等，2009. 沙棘果酒的澄清及非生物稳定性的研究[J]. 中国酿造（9）：69-72.

牛广财，朱丹，王宪青，等，2010. 沙棘果酒专用酵母菌的分子生物学鉴定及其应用研究[J]. 食品科学（7）：214-218.

牛天贵，2002. 食品微生物学实验技术[M]. 北京：中国农业大学出版社.

潘丽军，陈锦权，2008. 试验设计与数据处理[M]. 南京：东南大学出版社.

潘欣，2011. 一株近平滑假丝酵母的分离及其鉴定[J]. 微生物学杂志（1）：73-75.

裴喜春，2007. SAS 及应用[M]. 北京：中国农业出版社.

彭帮柱，岳田利，龙明华，等，2007. 一株酵母菌酿造柿子酒的发酵特性及其序列鉴定[J]. 农业机械学报（3）：90-95.

彭德华，2005. 葡萄酒酿酒技术文集[M]. 北京：中国轻工业出版社.

蒲自连，1998. 绿色黄金——沙棘[J]. 植物与健康（4）：6-7.

钱存柔，黄亦秀，2008. 微生物学试验教程[M]. 北京：北京大学出版社.

钱俊清，1996. PVPP提高发酵酒稳定性机理研究[J]. 食品科学（6）：7-12.

乔勇进，徐芹，方强，等，2007. 果汁澄清工艺研究进展[J]. 保鲜与加工（3）：4-7.

屈勤兵，王家林，2011. 苹果酒澄清工艺研究[J]. 酿酒，38（1）：75-77.

全国食品工业标准化技术委员会，2004. 食品工业基本术语：GB/T 15091—1994[S]. 北京：中国标准出版社.

冉艳红，于淑娟，杨春哲，2001. 壳聚糖在苹果酒澄清中的应用[J]. 食品科学，22（9）：38-40.

荣新民，2003. 沙棘原汁加工果醋的工艺[J]. 沙棘，16（1）：23-25.

石禾木，2006. 再探中国沙棘产业发展的主要成就、经验及问题[J]. 沙棘，19（1）：36-38.

司合芸，李记明，2000. 葡萄酒化学降酸方法的研究[J]. 食品工业科技，21（5）：11-13.

宋于洋，杨艳彬，塔依尔，2000. 新、旧活性干酵母质量鉴定及在葡萄酒中的应用[J]. 酿酒（1）：79-81.

苏畅，肖冬光，许葵，2004. 几种进口葡萄酒活性干酵母发酵性能比较[J]. 葡萄科技，121（1）：30-32.

苏娜，2008. 红枣发酵酒加工工艺研究[D]. 杨凌：西北农林科技大学.

孙广仁，张启昌，董凤英，等，2010. 蓝靛果酵母发酵特性的研究[J]. 食品科学，31（23）：305-309.

覃宇阳，黄宏慧，1999. 野生山葡萄酒酵母筛选及应用[J]. 广西轻工业（1）：45-47.

天津轻工学院. 食品生物化学[M]. 北京：轻工业出版社.

天津轻工业学院，大连轻工业学院，无锡轻工业大学，等，2007. 工业发酵分析[M]. 北京：中国轻工业出版社.

田晓菊，2007. 石榴发酵酒加工工艺的研究[D]. 西安：陕西师范大学.

万永青，田瑞华，段开红，等，2006. 沙棘果上天然酵母菌的发酵特性研究[J]. 内蒙古农业大学学报, 27 (4): 96-98.

王滨, 张国政, 路福平, 等, 2001. 酵母酒精耐性机制的研究进展[J]. 天津轻工业学院学报 (1): 18-22.

王大为, 张艳荣, 张雁南, 2003. 发酵型沙棘果酒生产工艺的研究[J]. 食品科学, 24 (5): 118-121.

王福荣, 2005. 酿酒分析与检测[M]. 北京: 化学工业出版社.

王华, 李维新, 2000. 猕猴桃干酒的降酸研究[J]. 食品科学, 21 (9): 29-31.

王庆国, 刘大明, 2007. 酵母菌分类学方法研究进展[J]. 微生物学杂志, 27 (3): 96-102.

王胜利, 贺丽萍, 2005. 沙棘的生态与经济效益评价及其开发利用[J]. 内蒙古林业科技 (1): 46-48.

王文英, 李晋川, 卢崇恩, 等, 1999. 沙棘对黄土高原地区露天煤矿土地复垦的作用[J]. 水土保持通报, 19 (5): 7-11.

王玉珠, 刘国安, 2004. 沙棘颗粒治疗急慢性支气管炎 100 例总结[J]. 甘肃中医, 17 (11): 24-25.

卫春会, 2006. 苹果醋生产 HACCP 体系的研究与构建[D]. 西安: 陕西科技大学.

魏岚, 1987. 沙棘的开发利用[J]. 陕西粮油科技 (2): 40-42.

魏艳敏, 但汉斌, 周与良, 1998. 长江水中红酵母菌种类调查初探[J]. 河北农业大学学报, 21 (2): 51-54.

魏艳敏, 钟辉, 刘钢, 等, 1997. 中国淡水红酵母 (*Rhodotorula harrison*) 种类调查[J]. 南京大学学报 (自然科学版), 30 (3): 103-105.

温海祥, 2007. 黄酒生产中酵母菌发酵性能研究[J]. 食品与发酵工业 (1): 72-74.

吴红艳, 郭成宇, 2004. 干红沙棘果酒澄清的研究[J]. 食品科技 (1): 72-73.

武福亨, 1991. 苏联的沙棘系列药物[J]. 沙棘, 4 (2): 38-41.

奚惠萍, 1995. 中国果酒[M]. 北京: 中国轻工业出版社.

夏雪, 2005. 酵母的凝聚性及其检测方法的探讨[J]. 啤酒科技 (8): 33-34.

肖培根, 1990. 药用植物——中华沙棘资源综合开发应用研究[J]. 医药研究通讯, 19 (7): 28.

忻伟钧, 陈萍, 华福元, 1997. 醋柳黄酮治疗高脂血症和高黏血症[J]. 新药与临床, 16 (1): 17-18.

徐春, 2006. 壳聚糖在白葡萄酒澄清中的应用研究[J]. 中国酿造 (1): 21-23.

徐国钧, 1997. 中草药彩色图谱[M]. 福州: 福建科学技术出版社.

徐铭渔, 孙小宣, 1994. 沙棘的医药研究和开发[J]. 沙棘, 7 (1): 32-40.

薛桂新, 2007. 苹果梨果醋发酵工艺条件的研究[J]. 中国调味品 (12): 48-50.

薛桂新, 2007. 苹果梨酒生产工艺的研究[J]. 酿酒科技 (6): 103-106.

闫家凯, 张国文, 周佳, 等, 2012. 不同因素对夏枯草总黄酮稳定性及 DPPH 自由基清除活性的影响[J]. 南昌大学学报 (理科版), 36 (4): 341-342.

闫涛, 罗丽梅, 宋春梅, 等, 2010. 沙棘的化学成分及生物功能的研究 进展[J]. 吉林医药学院学报, 31 (1): 52-54.

严花淑, 2003. 梨种质资源及苹果梨分类地位的研究[D]. 延吉: 延边 大学.

严健, 周与良, 1995. 假丝酵母属可溶性蛋白及酯酶的聚丙烯酰胺凝胶 电泳[J]. 南京大学学报 (自然科学版), 28 (2): 54-59.

杨帆, 杜宣利, 周伯川, 1999. 沙棘果综合开发利用的探讨[J]. 沙棘, 12 (1): 37-40.

杨芳, 2004. 沙棘的研究进展[J]. 第一军医大学分校学报, 27 (1): 79-81.

杨建渝, 徐叶周, 1989. 沙棘果汁中总黄酮甙元的含量测定[J]. 西北药 学杂志, 4 (3): 31-32.

杨立英, 李超, 史红梅, 等, 2009. 果酒浑浊的原因及澄清方法[J]. 中 外葡萄与葡萄酒 (9): 51-53.

杨琦, 柳黄, 1995. 硒强化沙棘果汁对大鼠红细胞膜脂质过氧化作用的 影响[J]. 营养学报, 17 (3): 284-287.

杨文继, 闫朝垒, 2008. 我国沙棘化学成分及其功能开发研究进展[J]. 新疆中医药 (5): 67-70.

叶亚新，黄勇，王金虎，2004. 分子生物学技术在环境微生物多相分类中的应用[J]. 苏州科技学院学报（自然科学版），21（4）：46-53.

于有国，李强，李海军，等，2008. 沙棘果酒酿造工艺技术初探[J]. 内蒙古农业科技（6）：122-123.

余竞光，丛浦珠，谭沛，等，1988. 沙棘果实挥发油化学成分研究[J]. 药学学报，23（6）：456-459.

余文涌，吴秉礼，1989. 中国沙棘属植物资源概况[J]. 沙棘（3）：1-5.

郁建生，罗显华，2007. 草珊瑚总黄酮稳定性研究[J]. 食品科学（4）：44-47.

袁怀波，刘志峰，程海东，等，2011. 沙棘果汁树脂降酸工艺研究[J]. 食品科技，36（10）：67-78.

张春晖，夏双梅，莫海珍，2000. 微生物降酸技术在葡萄酒酿造中的应用[J]. 酿酒科技（2）：66-70.

张大军，王兆华，杜桂枝，1992. 梨中微量元素和氨基酸成分分析[J]. 特产研究（3）：47.

张付舜，王国礼，1987. 用电感耦合等离子体发射光谱法测定沙棘油中元素含量的研究[J]. 西北林学院报（1）：108-111.

张吉科，林美珍，2004. 沙棘药用研发的回顾与展望[J]. 国际沙棘研究与开发，2（2）：35-40.

张纪中，1990. 微生物分类学[M]. 上海：复旦大学出版社.

张津涛，张建军，郭小平，1993. 晋西黄土残塬沟壑区沙棘生物量及水土保持效益的研究[J]. 北京林业大学学报（4）：16-24.

张近勇，1987. 沙棘果实的化学成分[J]. 食品工业科技（3）：56-62.

张军，2006. 沙棘发酵酒的澄清与稳定工艺研究[J]. 酿酒（3）：91-93.

张莲芳，1995. 沙棘籽油治疗返流性食管炎40例[J]. 陕西中医，16（7）：294.

张明科，2003. 筛选优良酵母提供啤酒的发酵度[J]. 酿酒科技（3）：60-61.

张培珍，1989. 沙棘籽油的抗癌活性及其对免疫器官重量的影响[J]. 沙棘（3）：31-34.

张文治，1995. 新编食品微生物学[M]. 北京：中国轻工业出版社.

张骁，束梅英，1999. 沙棘药理研究进展[J]. 沙棘，12（3）：40-44.

张阳德，2004. 生物信息学[M]. 北京：科学出版社.

张哲民，1990. 苏联沙棘油研究利用的进展与对策[J]. 沙棘（3）：42-46.

章茂顺，王家良，张泰怀，等，1987. 醋柳总黄酮治疗缺血性心脏病随机对照试验[J]. 中华心血管病杂志，15（2）：97-99.

赵宏军，2010. 沙棘果酒的研制[D]. 呼和浩特：内蒙古农业大学.

赵建花，白逢彦，2002. 云南掷孢酵母及相关担子菌酵母分子生物学研究[D]. 北京：中国科学院微生物所.

赵霖，1998. 果酒与健康[J]. 中国酿造（6）：36-37.

赵珊珊，乔吉斌，2007. 沙棘的研究与应用[J]. 牙膏工业（4）：32-33.

赵鑫，2008. 沙棘[J]. 国外医药（植物药分册），23（1）：41.

赵玉珍，武福亨，1997. 沙棘中黄酮类化合物及其药用价值[J]. 沙棘，10（1）：39-41.

郑新民，王俊峰，2002. 加入 WTO 后我国沙棘产业面临的问题及对策[J]. 沙棘，15（2）：1-3.

中国现场统计研究会农业优化组，1994. 农业正交设计法[M]. 北京：冶金工业出版社.

中国预防医学科学院营养与食品卫生研究所，2001. 食物成分表[M]. 北京：人民卫生出版社.

周春艳，张秀玲，王冠蕾，2006. 酵母菌的 5 种鉴定方法[J]. 中国酿造（8）：51-54.

周德庆，1986. 微生物实验手册[M]. 上海：上海科学技术出版社.

周德庆，2002. 微生物学教程[M]. 第 2 版. 北京：高等教育出版社.

周兴伟，2007. 沙棘果酒下胶澄清技术简述[J]. 沙棘，20（1）：20-21.

周与良，陈厚德，马生武，1983. 渤海海区酵母菌的调查 *Rhodotorula* 和 *Cryptococcus* 属酵母菌的分类鉴定和生态初探[J]. 南开大学学报（自然科学版）（1）：89-99.

周与良，黄铁石，但汉斌，等，1999. 中国海红酵母属 *Rhodotorula Harrison* 的种类[J]. 南京大学学报（自然科学版），32（4）：115-116.

周与良，史国利，周菊岩，等，1991. 渤海海水中酵母菌的种类[J]. 真菌学报，10（1）：36-42.

周与良，史国利，周菊岩，等，1993. 黄海海水中酵母菌的种类[J]. 真菌学报，12（4）：327-329.

周与良，周菊岩，郎铁柱，等，1989. 渤海海区酵母菌的调查 Ⅱ 假丝酵母属 *Candida Berkhout* 的分类鉴定及其分布[J]. 南开大学学报（自然科学版）（2）：49-54.

周张章，周才琼，阚健全，2005. 沙棘的化学成分及保健作用研究进展[J]. 粮食与食品工业，12（2）：15-18.

朱宝铺，1999. 葡萄酒工业手册[M]. 北京：中国轻工业出版社.

朱丹，李霞冰，孙西昌，1988. 沙棘种子油和果肉油的分析[J]. 国土与自然资源研究（1）：74-76.

朱广财，朱丹，李志江，等，2008. 沙棘果酒主发酵工艺的研究[J]. 中国酿造（4）：730-34.

朱万靖，倪培德，江志炜，2001. 沙棘资源开发与沙棘黄酮提取[J]. 西部粮油科技，26（2）：39-41.

祝战斌，马兆瑞，张坐省，等，2003. HACCF 质量控制体系在苹果酒生产过程中的应用[J]. 食品与发酵工业，29（3）：95-97.

BARNETT J A, PAYNE R W, YARROW D, 1983. Yeasts：characteristics and identification[M]. Cambridge：Cambridge University Press.

BUJDOSO G, EGLI C M, HENICK-KLING T, 2001. Characterization of *Hanseniaspora* strains isolated in finger lakes wineries using physiological and molecular techniques[J]. Food Technology and Biotechnology, 39：83-91.

CAI J, ROBERTS I N, COLLINS M D, 1996. Phylogenetic relationships among members of the ascomycetous yeast genera Brettanomyces, Debaryomyces, Dekkera and Kluyveromyces deduced by small-subunit rRNA gene sequences[J]. International Journal of Systematic Bacteriology, 46（2）：542-549.

CAVAZZA A, GRANDO M S, ZINI C, 1992. Rilevazionedella flora microbica di mostievini[J]. Vignevini, 9：17-20.

CHRISTINA L P, JAMES A B, TAMMI L O, et al.,2001. Use of WL medium to profile native flora fermentation[J]. American Journal of Enology and Viticulture, 52（3）：198-203.

FELL J W, BOEKHOUT T, FONSECA A, et al., 2000. Biodiversity and systematics of basidiomycetous yeasts as determined by large-subunit rDNA D1/D2 domain sequence analysis[J]. International Journal of Systematic and Evolutionary Microbiology, 50: 1351-1371.

FELSENSTEIN J, 1985. Confidence limits on phylogenies: an approach using the bootstrap[J]. Evolution, 39: 783-791.

FULLER W L, BE H W, 1965. Treatment of white wine with nylon66[J]. American Journal of Enology and Viticulture, 1: 212-218.

GADANHO M, ALMEIDA J M, SAMPAIO J P, 2003. Assessment of yeast diversity in a marine environment in the south of portugal by microsatellite-primed PCR[J]. Antonie van Leeuwenhoek, 84: 217-227.

GUTELL R R, FOX G E, 1988. A Compilation of large subunit RNA sequences presented in a structural format[J]. Nucleic Acids Research, 16: 175-269.

JAMES S A, COLLINS M D, ROBERTS I N, 1996. Use of an rRNA internal transcribed spacer region to distinguish phylogenetically closely related species of the genera Zygosaccharomyces and Torulaspora[J]. International Journal of Sysyematic Bacteriology, 46 (1): 189-194.

KURTZMAN C P, ROBNETT C J, 1997. Identification of clinically important ascomycetousyeasts based on nucleotide divergence in 5′end of the large-subunit (26S) ribosomal DNA gene[J]. Journal Clinical Microbiology, 35: 1216-1223.

KURTZMAN C P, ROBNETT C J, 1998. Identification and phylogeny of ascomycetous yeasts from analysis of nuclear large subunit (26S) ribosomal DNA partial sequences[J]. Antonie van Leeuwenhoek, 73: 331-371.

LEES Y, KNUDSEN F B, 1985. DNA labeling forunambiguou identification of yeast strain[J]. Journal of the Institution of Brewing, 91 (2): 169-173.

LI C, YANG Y, JUNTTILA O, et al., 2005. Sexual differences in cold acclimation and freezing tolerance development in sea buckthorn (*Hippophae rhamnoides* L.) ecotypes[J]. Plant Science, 168: 1365-1370.

LIN J J, KUO J, MA J, et al., 1996. Identification of molecular markers in soybean comparing RFLP, RAPD and AFLP DNA mapping techniques [J]. Plant Molecular Biology Reporter, 14 (2): 156-169.

MATOULKOVÁ D, SIGLER K, 2011. Impact of the long-term maintenance method of Brewer's Yeast on fermentation course, Yeast vitality and beer characteristics[J]. The Institute of Brewing & Distilling, 3: 383-388.

MEYER S A, PAYNE R W, YARROW D, 1998. Candida Berkhout [M] //Kurtzman C P, Fell J W. The Yeasts, A Taxonomic Study, 4th edn. Amsterdam: Elsevier.

MIROSLAV J, 1993. Orientation analysis of volatile compounds of *Hippophaerhamnoides* L. Sb VysSkZemedPraze[J]. FakAgron Rada A, 55: 73.

RUAN C, QIN P, ZHENG J, et al., 2004. Genetic relationships among some cultivars of sea-buckthorn from China, Russia and Mongolia based on RAPD analysis[J]. Scientia Horticulturae, 101: 417-426.

SAITOU N, NEI M, 1987. The neighbor-joining method: a new method for reconstructing phylogenetic trees[J]. Molecular Biology and Evolution, 4: 406-425.

SHNAIDMAN L O, 1969. Composition and biological properties of buckthorn juice[J]. Prikl Biokhim Mikrobiol, 5 (3): 371.

SUGITA T, NISHIKAWA A, 2003. Fungal Identification Method Based on DNA Sequence Analysis: Reassessment of the Methods of the Pharmaceutical Society of Japanese Pharmacopoeia[J]. Journal of Health Science, 49 (6): 531-533.

TANG X, TIGERSTEDT P M A, 2001. Variation of physical and chemical characters within an elite sea-buckthorn (*Hippophaerh amnoides* L.) breeding population[J]. Scientia Horticulturae (88): 203-214.

TIBILEV A A, 1979. Effect of molybdenum on vitamin C and Pactivities of the sea buckthorn[J]. DodlTskhA, 251: 24-28.

TIITINEN K, VAHVASELKA M, 2006. Malolactic fermentation in sea buckthorn (*Hippophae rhamnoides* L.) juice processing [J]. European Food Research and Technology, 222: 686-691.

VAUGHAN-MARTINI A, 2003. Reflections on the classification of yeasts for different end-users in biotechnology, ecology, and medicine[J]. International Microbiology, 6 (3): 175-182.

WELSH J, MCCLELLAND M, 1990. Fingerprinting genomes using PCR with arbitrary primers[J]. Nucleic Acids Research, 18 (24): 7213-7218.

WILLIAMS J G K, KUBELIK A R, LIVAK K J, et al., 1990. Tingey S V. DNA polymorphisms amplified by arbitrary primers are useful as genetic markers[J]. Nucleic Acids Research, 18 (22): 6531-6535.

YANG B, KALLIO H P, 2001. Fatty acid composition of lipids in seabuckthorn berries of different origins [J]. Journal of Agricultural and Food Chemistry, 49: 1939-1947.